你的努力，
终将成就无可替代的自己

连山

编著

中国华侨出版社
北京

PREFACE / 前言

　　哈佛大学曾做过一项长达25年的跟踪调查，调查的对象是一群智力、学历、环境等条件差不多的年轻人。调查结果显示，3%的人25年后成了社会各界的顶尖成功人士，他们中不乏白手创业者、行业领袖、社会精英。10%的人大都在社会的中上层，成为各行各业中不可或缺的专业人士，如医生、律师、工程师、高级主管，等等。而占60%的人几乎都在社会的中下层面，他们能安稳地工作，但都没有什么特别的成绩。剩下的27%几乎都处在社会的最底层。他们过得不如意，常常失业，靠社会救济，还常常抱怨他人，抱怨社会，抱怨世界。从离开校园到职场人生，25年也许只是弹指一挥间。然而，25年过去，当同窗好友再一次相聚时，在人生的地平线上，一个不可回避的现实就是昔日朝夕相处、平起平坐的同学，有了明显的"社会价值等级"。造成这种等级区分的，当然有机遇、人际关系以及与之相对应的环境，但是，最重要的因素却在于每个人在迈出校园的起跑线上是否找到了自己的人生方向，是否懂得努力拼搏，在一些最重要的方面积累自己的成功资本。那些最终成功的人必将感谢当初努力拼搏的自己，而那些失败的人也必将讨厌当初随波逐流、得过且过的自己。

年轻人还刚刚站在社会人生的入口，没有经验和阅历，不知道究竟要在哪些方面积累自己的资本，才能更好地适应社会，更具有竞争力，更高效、快速地获得人生的成功。为此，他们常常感到迷茫困惑，常常在十字路口徘徊，难以抉择。而对于年轻人来说，现在的迷茫会造成10年后的恐慌，20年后的挣扎，甚至一辈子的平庸。如果不能尽快冲出困惑，拨开迷雾，就无颜面对10年后、20年后的自己。越早找到方向，越早走出困惑，就越容易在人生道路上取得成就、创造辉煌。本书正是无数成功人士拼搏人生的智慧和经验的总结，每一条都是前人在实践中摸爬滚打，走了无数条弯路，摔了无数次跤，经受了无数次挫折才得来的，为处于人生十字路口、不知何去何从的年轻人带来了实质性的指导，使他们在事业上和生活中获得了成功和幸福。年轻人如果根据本书中学到的这些智慧和经验来打拼自己的生活和事业，就能把握住现在，找到成功的捷径，更早迈入幸福生活。

人活一次，拼一次，你才不会后悔。你的未来不会在某个地方傻傻地等你，而是需要你用双手拼出来，拼出属于你自己的世界，拼出属于你自己的辉煌。"三分天注定，七分靠打拼。"要拼就奋力去拼，给自己一次机会，不要给自己留下遗憾。你的努力，终将成就无可替代的自己！

目录

第 1 章
知道自己要去哪儿,全世界都会为你让路

没有梦想,何必远方 / 2
停下匆匆赶路的脚步,倾听内心的声音 / 5
踩着别人的脚印,永远找不到自己的方向 / 8
没有计划的人一定会被计划掉 / 12
活出你自己的样子:年轻,就是用来折腾的 / 15
生命太短暂,岂能渺小度一生 / 17

十年后，你会变成谁，过得怎么样 / 21

第2章
你要相信，没有到达不了的明天

善于等待的人，一切都会及时到来 / 26

人这一辈子总有一个时期需要卧薪尝胆 / 29

辉煌的背后，总有一颗努力拼搏的心 / 34

不眼红别人的辉煌，心中只装着自己的目标 / 36

乐观的人看到希望，悲观的人只能看到绝望 / 39

不经痛苦的忍耐，怎能有珍珠的璀璨 / 42

在最深的绝望里，遇见最美丽的风景 / 44

信念是溺水时的救生圈，只要不松手，希望就在 / 45

第3章
对自己狠一点，离成功近一点

你最大的敌人就是自己 / 50
狠下心，绝不为自己找借口 / 52
不经历风雨，怎能见彩虹 / 55
战胜自己的人，才配得上天的奖赏 / 59
把自己"逼"上巅峰 / 65
从现在起，感谢折磨你的人吧 / 67
PMA黄金定律：能飞多高，由自己决定 / 71
拒做呻吟的海鸥，勇做积极的海燕 / 75

第4章
没有翅膀，所以努力奔跑

你只需努力，剩下的交给时光 / 78
把工作当作幸福和快乐的源泉 / 81

当你竭尽全力,上帝自会主持公道 / 84

把"我不可能"彻底埋葬 / 88

青春的使命不是"竞争",而是"成长" / 91

真正的强者,不是没有眼泪的人,而是含着眼泪奔跑的人 / 94

再大的风浪我们也要远航 / 97

你需要奔跑的最重要理由,就是为了自己的幸福 / 99

你必须很努力,才能看起来毫不费力 / 105

第5章
拆掉思维里的墙:原来我还可以这样活

井底之蛙,永远看不到辽阔的大海 / 110

人生无处不"套牢",思路决定出路 / 114

走出囚禁思维的栅栏 / 117

甩掉"金科玉律"的束缚 / 121

摧毁专家们的旧图画 / 126

别让"约拿情结"毁了你 / 129

今天得过且过,将来一生无成 / 131

人生不设限,唤醒心中的巨人 / 135

如果没有得到奇迹,就成为一个奇迹 / 140

你的生命有什么可能 / 143

第6章
人生没有唾手可得的晚餐

果断出手,莫对机会欲说还"羞" / 150

与其等待机会,不如创造机会 / 152

无限风光在险峰 / 155

挑战自我，多给自己一个机会 / 157

机遇没有彩排，只有直播 / 161

躺着思想，不如站起来行动 / 163

吃得苦中苦，方为人上人 / 166

敢于冒险的人生有无限可能 / 168

强者绝不轻言放弃 / 172

决心取得成功比任何一件事情都重要 / 175

第1章

知道自己要去哪儿，
全世界都会为你让路

没有梦想，何必远方

当一个人明白他想要什么并且坚持自己的理想，那么整个世界都将为他让路。

他生长在一个普通的农户家里。家里很穷，他很小就跟着父亲下地种田。在田间休息的时候，他常望着远处发呆。父亲问他想什么？他说，他想将来长大了，不要种田，也不要上班，每天待在家里，等人给他寄钱。

父亲听了，笑着说："荒唐，你别做梦了！我保证不会有人给你寄。"

后来他上学了。有一天，他从课本上知道了埃及金字塔的故事，就对父亲说："长大了我要去埃及看金字塔。"父亲生气地拍了一下他的头说："真荒唐！你别总做梦了，我保证你去不了。"

十几年后，少年成了青年，考上了大学，毕业后做了记者，每年都出几本书。他每天坐在家里写作，出版社、报社给他往家里邮钱，他用邮来的钱到埃及旅行。他站在金字塔下，抬头仰望，想起小时候爸爸说的话，心里默默地对父亲说："爸爸，人生没有什么能被保证！"

他，就是台湾最受欢迎的散文家林清玄。那些在他父亲看来十分荒唐且不可能实现的梦想，在十几年后都被他变成了现实。为了实现这个梦想，他十几年如一日，每天早晨4点就起床看书写作，每天坚持写3000字，一年就是100多万字。靠坚持不懈的奋斗，他终于实现了自己的梦想。

如果轻易放弃，梦想就只能是梦想；只有坚持到底，梦想才不仅仅是梦想。只有无论如何都不放弃梦想的人，才有可能梦想成真。许多人之所以不能实现梦想，并不是因为梦想太高，而是太容易就放弃。

一位小学教师给他的学生布置了一个作业：写一个报告，题目是《我的梦想》。

其中有一位小男孩，洋洋洒洒写了9张纸，描述他的伟大志愿。他想拥有一座属于自己的牧马农场，并且仔细地画了一张200亩农场的设计图，上面认真地标有马厩、跑道等的位置，然后在这一大片农场中央，还要建一栋占地4000平方英尺的豪宅。

他花了很多心血才把这份报告做出来，第二天交给了老师。然而，三天后当他拿回报告翻开一看：第一页上打了一个又红又大的叉，旁边还有一行字："下课后来见我。"

小男孩下课后带着报告去见老师："为什么我的报告是不及格的？"

老师回答道："你家里没有钱，也没有雄厚的家庭背景，什么都没有。盖农场是需要花很多钱的大工程，你要花钱买地，花钱买纯种马匹，花钱照顾它们，所以你的志愿是不可能实现的。因此，我建议你再写一个比较靠谱儿的志愿，我会重新给你分数的。"

这个男孩回到家后征询父亲的意见。父亲只是告诉他："儿子，这个决定对你来说非常重要，你必须自己拿主意。"

于是这个小男孩再三考虑后，决定将原稿交回，一个字都不改。他告诉老师："即使是不及格，我也不能放弃梦想。"

几十年后，当老师到小男孩的牧场做客的时候，他才知道小男孩没有放弃自己的梦想是对的。

有位哲人说："世界上一切的成功、一切的财富都始于一个意念！始于我们心中的梦想！"也就是说，成功其实很简单：你要先有一个梦想，然后努力经营自己的梦想，不管别人说什么，都不要放弃。

停下匆匆赶路的脚步，倾听内心的声音

很多时候，我们的内心都为外物所遮蔽、掩饰，浮躁的心态占领了我们的整颗心，因此在人生中留下许多遗憾：在学业上，由于我们还不会倾听内心的声音，所以盲目地选择了别人为我们选定的、他们认为最有潜力与前景的专业；在事业上，我们故意不去关注内心的声音，在一哄而起的热潮中，我们也去选择那些最为众人看好的热门职业；在爱情上，我们常因外界的作用扭曲了内心的声音，因经济、地位等非爱情因素而错误地选择了爱情对象……我们都是现代人，现代人惯于为自己做各种周密而细致的盘算，权衡着可能有的各种收益与损失，但是，我们唯一忽视的，便是去听一听自己内心的声音。

一位长者问他的学生："你心目中的人生美事为何？"学生列出"清单"一张：健康、才能、美丽、爱情、名誉、财富……谁料老师不以为然地说："你忽略了最重要的一项——心灵的宁静，没有它，上述种种都会给你带来可怕的痛苦！"

繁忙紧张的生活容易使人心境失衡，如果患得患失，不能以宁静的心灵面对无穷无尽的诱惑，我们就会感到心力交瘁或迷惘躁动。

唯有心灵宁静，才不眼热权势显赫，不奢望金银成堆，不乞

求声名鹊起，不羡慕美宅华第，因为所有的眼热、奢望、乞求和羡慕，都是一厢情愿，只能加重生命的负荷，加剧心力的浮躁，而与豁达康乐无缘。

　　我们很忙，行色匆匆地奔走于人潮汹涌的街头，浮躁之心油然而生，这也是我们不去倾听内心声音的一个缘由，我们找不到一个可以冷静驻足的理由和机会。现代社会在追求效率和速度的同时，使我们作为一个人的优雅在逐渐丧失。那种恬静如诗般的岁月于现代人已成为最大的奢侈和批判对象。内心的声音，便在这种繁忙与喧嚣中被淹没。物质的欲望在慢慢吞噬着人的灵性和光彩，我们留给自己的内心空间被压榨到最小，我们狭隘到已没有"风物长宜放眼量"的胸怀和眼光。我们开始患上种种千奇百怪的心理疾病，心理医生和咨询师在我们的城市也渐渐走俏，我们去求医、去问诊，然后期待在内心喑哑的日子里寻求心灵的平衡。

老街上有一位老铁匠，由于早已没人需要打制铁器，现在他改卖铁锅、斧头和拴小狗的链子。他的经营方式非常古老和传统，人坐在门内，货物摆在门外，不吆喝，不还价，晚上也不收摊儿。你无论什么时候从这儿经过，都会看到他在竹椅上躺着，手里是一个半导体，身旁是一把紫砂壶。

他的生意也没有好坏之说，每天的收入正够他喝茶和吃饭。他老了，已不再需要多余的东西，因此他非常满足。

一天，一个文物商从老街上经过，偶然看到老铁匠身旁的那把紫砂壶，因为那把壶古朴雅致，紫黑如墨，有清代制壶名家戴振公的风格。他走过去，顺手端起那把壶。

壶嘴内有一记印章，果然是戴振公的，商人惊喜不已。因为戴振公在世界上有捏泥成金的美名，据说他的作品现在仅存3件，一件在美国纽约州立博物馆里；一件在台湾故宫博物院；还有一件在泰国某位华侨手里，是1993年在伦敦拍卖市场上以16万美元的拍卖价买下的。

商人端着那把壶，想以10万元的价格买下它。当他说出这个数字时，老铁匠先是一惊，随后又拒绝了，因为这把壶是他爷爷留下的，他们祖孙三代打铁时都喝这把壶里的水，他们的汗也都来自这把壶。

壶虽没卖，但商人走后，老铁匠有生以来第一次失眠了。这把壶他用了近60年，并且一直以为是把普普通通的壶，现在竟有人要以10万元的价钱买下它，他转不过神儿来。

过去他躺在椅子上喝水，都是闭着眼睛把壶放在小桌上，而现在把茶壶放到桌上后，他总要坐起来再看一眼，这让他非常不舒服。特别让他不能容忍的是，当人们知道他有一把价值连城的茶壶后，蜂拥而至，有的问还有没有其他的宝贝，有的开始向他借钱，更有甚者，晚上悄悄跑到他家里，想偷走这把壶。他的生活彻底被打乱了，他不知该怎样处置这把壶。

当那位商人带着20万元现金，第二次登门的时候，老铁匠再也坐不住了。他招来左右店铺的人和前后邻居，拿起一把斧头，当众把那把紫砂壶砸了个粉碎。

现在，老铁匠还在卖铁锅、斧头和拴小狗的链子，据说他已经102岁了。

宁静可以沉淀出生活中许多纷杂的浮躁，过滤出浅薄粗俗等人性的杂质，可以避免许多鲁莽、无聊、荒谬的事情发生。宁静是一种气质、一种修养、一种境界、一种充满内涵的悠远。安之若素，沉默从容，往往要比气急败坏、声嘶力竭更显涵养和理智。

踩着别人的脚印，永远找不到自己的方向

聪明的人不喜欢单纯地模仿别人，他们总是会发现新的机遇和领域，并抢先占领这一片领域。这个世界上充满了形形色色的

追随者和模仿者,他们总是喜欢按着他人的足迹行走,沿着他人的思路思考。他们认为,走别人走过的路可让自己省心省力,是走向成功、创造卓越人生的一条捷径。岂不知,"模仿乃是死,创造才是生"。

对任何人来说,模仿都是极愚拙的事,它是成功的劲敌。它会使你的心灵枯竭,没有动力;它会阻碍你取得成功,阻碍你进一步的发展,拉长你与成功的距离。

效仿他人的人,不论他所模仿的人多么伟大,他也绝不会成功,没有一个人能依靠模仿他人去成就伟大的事业。所以,二十几岁的年轻人要想成功就要找准自己的方向,找到自己的目标,不能走别人走过的路。

有一位雄心勃勃的商人,听说外地招商引资,就"顺应潮流"到该地投资了上千万。两年之后,他把所有的钱都亏掉了,最后空手而归。

朋友问他:"你当初为什么要到那里去投资?"他说:"那时候,很多同行都争先恐后地去了,大家都认为那里的投资条件优越,大有发展前途。如果我不去的话,担心会失去发展的机会。"

例子里的商人陷入了一个怪圈:别人都去做了,我必须赶快跟上。有这样一种说法,同样的一条新路,走第一的是天才,走第二的是庸才,走第三的是蠢才。从中可见跟随者的悲哀。

成功只青睐主动寻找它的人。聪明的人都不随大溜,眼光独到,另辟蹊径,在别人还没明白之前早已把赚来的钱塞进了自己

的口袋里。

　　100多年前，德国犹太人李威·斯达斯随着淘金人流来到美国加州。他看见这里的淘金者人如潮涌，就想靠做生意赚这些淘金者的钱。他开了间专营淘金用品的杂货店，经营镢头、做帐篷用的帆布等。

　　一天，有位顾客对他说："我们淘金者每天不停地挖，裤子损坏特别快，如果有一种结实耐磨的布料做成的裤子，一定会很受欢迎的。"

　　李威抓住顾客的需求，把他做帐篷的帆布加工成短裤出售，果然畅销，采购者蜂拥而来，李威靠此发了笔大财。

首战告捷，李威马不停蹄，继续研制。他细心观察矿工的生活和工作特点，千方百计地改进和提高产品质量，设法满足消费者的需求。考虑到帮助矿工防止蚊虫叮咬，他将短裤改为长裤；又为了使裤袋不致在矿工把样品放进去时裂开，他特意将裤子臀部的口袋由缝制改为用金属钉钉牢；又在裤子的不同部位多加了两个口袋。这些点子都是在仔细观察淘金者的劳动和需求的过程中，不断地捕捉到并加以实施的，这些改进使产品日益受到淘金者的欢迎，销路日广。

李威还利用各种媒介大力宣传牛仔裤的美观、舒适，是最佳装束，甚至把它说成是一种牛仔裤文化。这些铺天盖地的宣传，把牛仔裤"庸俗""下流"的斥责打得大败而逃。于是，牛仔裤在社会上层也牢牢地站稳了脚跟，最终风靡全球。

走别人走过的路，将会迷失自己的方向，李威之所以能取得成功，就是因为他开拓了一条属于自己的路。

不论是工作上还是生活中，有不少二十几岁的年轻人都太习惯于走别人走过的路，他们偏执地认为走大多数人走过的路不会错，但是，却往往忽略了最重要的事实，那就是，走别人没有走过的路往往更容易成功。

走别人没走过的路，虽然意味着你必须面对别人不曾面对的艰难险阻，吃别人没吃过的苦，但也唯有如此，你才能发现别人未曾发现的东西，到达别人无法企及的高度。

二十几岁的年轻人要知道，成功者之所以会取得惊人的成绩，正是由于他们不满足于走别人走过的路,而是去主动开发,想别人没想到的东西,也正是这一思路支持着他们一路走来,让自己跨越障碍直至成功。

没有计划的人一定会被计划掉

人生中有时我们拥有的内容太多太乱,我们的心思太复杂,我们的负荷太沉重,我们的烦恼太无绪,诱惑我们的事物太多,无形而深刻地损害我们。生命如舟,载不动太多的欲望,怎样使之在抵达彼岸时不在中途搁浅或沉没?我们是否该选择放下,丢掉一些不必要的包袱,那样我们的旅程才会多一些从容与安康。

明白自己真正想要的东西是什么,并为之而奋斗,如此才不枉费人生。英国哲学家伯兰特·罗素说过,动物只要吃得饱,不生病,便会觉得快乐了。人也该如此,但大多数人并不是这样。很多人忙碌于追逐事业上的成功而无暇顾及自己的生活。他们在永不停息的奔忙中忘记了生活的真正目的,忘记了什么是自己真正想要的。这样的人只会看到生活的烦琐与牵绊,而看不到生活的简单和快乐。

我们的人生要有所获得,就要朝着一个方向坚定不移地努力下去。我们要简化自己的人生,要学会有所放弃,要学习经常否定自己,把自己生活中和内心里的一些东西断然放弃掉。

仔细想想你的生活中有哪些诱惑因素,是什么一直干扰着你,让你的心灵不能安宁;又是什么让你坚持得太累;是什么在阻止着你的快乐。把这些让你不快乐的包袱通通扔弃。只有放弃我们人生田地和花园里的这些杂草害虫，我们才有机会同真正有益于自己的人和事亲近，才会获得适合自己的东西。我们才能在人生的土地上播下良种，致力于有价值的耕种，最终收获丰硕的粮食，在人生的花园采摘到美丽的花朵。

所以，仔细想想你在生活中真正想要什么？认真检查一下自己肩上的负担，看看有多少是我们实际上并不需要的，这个问题看起来很简单，但是意义深刻，它对成功目标的制定至关重要。

要得到生活中想要的一切，当然要靠努力和行动。但是，在开始行动之前，一定要搞清楚，什么才是自己真正想要的。要打发时间并不难，随便找点儿什么活动就可以应付，但是，如果这些活动的意义不是你设计的本意，那你的生活就失去了真正的意义。你想提高自己的生活品质，并且使自己满足、有所成就，完全看你自己真正需要什么，然后尽量满足这些需要。

生活中最困难的一个过程就是要搞清楚我们自己究竟想要什么。大多数人都不知道自己真正想要什么，因为我们不曾花时间来思考这个问题。面对五光十色的世界和各种各样的选择，我们更加不知所措，所以我们会不假思索地接受别人的期望来定义个人的需要和成功，社会标准变得比我们自己特有的需求还要重要。

我们总是太在意别人的看法，以致我们下意识地接受了别人强加于我们的种种动机，结果，努力过后才发现自己的需求一样都没能满足。更复杂的是，不仅别人的意见影响着我们的欲望，而且我们自己的欲望本身也是变幻莫测的。它们因为潜在的需要而形成，又因为不可知的力量日新月异。我们经常得到过去十分想要的，而现在却不再需要的东西。

如果有什么原因使我们总是得不到自己想要得到的东西，这个原因就是你并不清楚自己到底想什么。在你决定自己想要什么、需要什么之前，不要轻易下结论，一定要先做一番心灵探索，真正地了解自己，把握自己的目标。只有这样，你才能在生活中满意地前进。

活出你自己的样子：年轻，就是用来折腾的

潘杰客，一个有着传奇跨国经历的成功男人，带给我们无限的启示。

想当初，潘杰客的祖父和父亲都是著名的科学家，而他大学毕业后却在北京一个小小的施工队做预算员。不过4年后，他已经是国家建设部最年轻的中层领导。1988年，近30岁的潘杰客来到美国，一切从送外卖住地下室开始，6年后，被哈佛、剑桥、耶鲁三所大学的管理学院同时录取，1997年在哈佛完成学业后，前往欧洲，在上千名应聘者中，成为唯一被录用的德国奥迪的高级经理，后来作为奥迪中国大区首席顾问回到中国，成功运作了奥迪A6在中国的上市计划。就在这能够让所有人艳羡的时候，他辞去了奥迪终身雇员的职务，加盟凤凰卫视，成为一个财经节目的主持人。而现在，他组建了自己的团队——泛华传播，致力于打造一档"国际的、最知名的、成功人士的、在中国有影响的脱口秀节目"。

上面所说的情况已足以让人刮目相看，其实还只是他人生中的一个小部分。用他的自己的话说就是——除了"变化"没有什么是永恒的。

但事实上，潘杰客真正吸引人的地方也许并不在于他的成功，而在于他的"失败"。

潘杰客在他耶鲁大学的入学论文的开篇写道"人生舞台上的

表演层出不穷、跌宕起伏，它们可以是喜剧、悲剧、哑剧、歌剧、音乐剧、交响乐，不一而足。而我们在生命的不同时期却以不同的角色出现——主角、配角、编剧、导演、灯光师、甚至观众"。

人生如戏，潘杰客为自己编写并导演了一出最跌宕起伏的大剧。

"人是不能低头的，一旦低头，就再也不可能骄傲了。因为一个行动养成一个习惯，低头一次，就会有第二次、第三次……"

"很多人问我，在最困难的关头，是什么力量支撑着我不倒下，挺过去，我的答案是'心灵的骄傲'。在那种关键的时候，我不可能去考虑成功之后的鲜花与欢呼或失败后所将遭遇的冷遇和失落。我所想的是，我这个生命是否值得再为自己坚持下去？我通常会问自己：你能否超越自己？超越了就是成功——不是事情上的成功，而是心理上的成功。人在那种时刻，暴露出来的都是人性的弱点；我就是要战胜这种弱点。因为我追求的是心灵的纯粹和强大，一种心灵上的超我。"

"内心必须有一种渴求，你可以改变自己，还可以通过自己去改变别人，这个社会、这个世界就会因此而改变。要在最广泛的范围去影响他人，把社会向更合理的方向推进，这种合理应该为大多数人带来福利。这是个良好的愿望，为了这个愿望，要去做许多其他的事情，而这正是人生价值的体现，它带给我的满足是物质无法带来的。在心灵痛苦时，常常会想，大千世界的痛苦又是多么的深厚。走这条路的人注定是孤独的，如果这就是命运的话，我已做好准备并且毫不畏惧。"这是一个理想主义者的自白，是一个勇敢者的宣言，是潘杰客不变的信念。这是一种怎样的超越，怎样的智慧？他是一个把目标与成功分得很清的人，成败得失已无关紧要，他追求的只是个目标、一种执着、一份毅力。对一个人来说，可以没有成功，却不能没有目标。目标有时候很简单，却需要足够的信心与毅力去追求；成功有时候很遥远，却与目标只咫尺之隔。

真正的伟大只有一种，就是看清这个世界的本来面目，并且去热爱它。作为一个自然人，潘杰客无疑非常伟大，这种伟大表现在他始终恪守着自己的原则，给高贵的心灵一个美丽的住所，哪怕是遭遇到最大的阻力，也要想办法抵达胜利的彼岸。

生命太短暂，岂能渺小度一生

有这样一个众所周知的寓言故事：

农夫拣到一枚鹰蛋，回家后放到了一个正在孵小鸡的母鸡窝里。结果这枚鹰蛋被母鸡孵化成了一只雏鹰。这只雏鹰自以为也是一只小鸡，每天和小鸡生活在一起，做着与小鸡一样的事情，在垃圾堆里捉虫觅食，与小鸡一起嬉戏，有时也学母鸡一样咯咯地叫。

雏鹰渐渐长大，变成了一只小鹰，可它从来没有飞得超过几尺高，因为母鸡们只能飞这么高。它完全认为自己就与母鸡一样。

一天，小鹰看见一只大鸟在万里碧空中展翅翱翔，就问母鸡："那种飞得好高的大鸟是什么？"

母鸡回答说:"那是一只雄鹰,它是一种非常了不起的鸟。你不过是一只鸡,不能像它那样飞的,认命吧。"于是,这只小鹰就接受了这种观点,也不尝试着去飞翔,也从来没想过与小鸡们做不一样的事。

有一天,猎人经过这家农户,看见了这只小鹰。猎人说服农妇,用三只猎获的野兔换走了小鹰。猎人开始训练小鹰飞翔,可是小鹰怎么也飞不起来,准确地说,根本不敢飞。猎人没有灰心丧气,他带小鹰爬到一座高山顶上,对小鹰说:"鹰呀鹰呀,你本属于蓝天,你是蓝天的主人,你怎么变得像你的食物——小鸡那样弱小呢?向高处看吧,那些在天空翱翔的雄鹰才是你的同伴。去找它们吧!"

猎人说着,撒手将小鹰抛向悬崖,小鹰呈直线坠落,就在即将落地的那一瞬间,小鹰"呀"地一声尖叫,振翅飞了起来,直冲云霄。

和优秀的人在一起,这样,你的潜能就会最大限度地被激发出来,你就会变得更加优秀,最后让优秀成为自己的一种习惯。

贝尔28岁时拜访了著名物理学家约瑟夫·亨利,谈论"多路电报"试验,亨利对此本来不感兴趣。但这回他强打起精神,去听贝尔的介绍,突然他敏锐地觉察到,这个年轻人在谈一个极有价值的现象。他热情地鼓励贝尔:"如果你觉得自己缺乏电学知识,那就去掌握它。你有发明的天分,好好干吧!"

后来,贝尔写信给父母,描述自己的感受:"我简直无法向你们描述这两句话是怎样地鼓舞了我……要知道在当时，对大多数人来说通过电报线传递声音无异于天方夜谭，根本不值得费时间去考虑。"

几年后，贝尔又说："如果当初没有遇上约瑟夫·亨利，我也许发明不了电话。"

和积极的人在一起会让你更积极，和消极的人在一起会让你更消极。心态积极的人，他们会及时激励我们，而不是用消极的话来影响我们的行动。要知道，当一个人在做一件犹豫不决的事时，需要的是积极的支持。与积极者在一起，我们会学着尝试。即使错了，起码也曾经尝试过，无怨无悔。没有人都会百分之百成功，但没有尝试肯定不会成功。

《心灵鸡汤》的作者之一马克·汉森是一位畅销书作家，他的书在全世界已经畅销几千万册。有一次，汉森在与成功学、激励学顶尖高手安东尼·罗宾斯同台讲演结束之后，私下请教罗宾斯，于是有了如下一段对话——

汉森问："我们都在

教别人成功，为什么我的年收入才 100 万美元，而你一年却能赚进 1000 万美元呢？"

罗宾斯没有直接回答汉森的问题，却反过来问汉森："你每天跟谁在一起？"

汉森说："我每天都跟百万富翁在一起。"

罗宾斯听后笑了笑说："我每天都跟千万富翁在一起。"

只有和比自己更成功的人在一起，和成功者合作，我们才会更有机会成功。近朱者赤，近墨者黑。物以类聚，人以群分。我们要想像雄鹰一样在空中翱翔，就得学会雄鹰飞翔的本领。如果我们结交有成就者，那我们终将会成为一个有成就的人。用好莱坞流行的一句话说："一个人能否成功，不在于你知道什么，而是在于你认识谁。"

假设有两种环境供你去选择：第一种环境你是最好的，你每月的收入 800 元，而别人都是 200 元，第二种环境你是最差的，别人都是百万富翁，你的资产只有 20 万元，你愿意选择哪一种呢？要想成为什么样的人，你要选择跟什么样的人在一起，你要变得积极，你要找比你更积极的人在一起，你要永远寻找比你本身更好的环境。无论你是飞黄腾达，还是穷困潦倒，当你选择比你优秀的人在一起，他会帮你检讨总结，为你加油助威。

谨慎地选择那些我们愿意花时间交往的朋友，因为他们对我们的思想、人格，以及发生在我们身上的任何事情都会有影响。与生活态度积极的人在一起，与具有远见卓识的人在一起，与成功者在一起，他们的"花香"肯定会熏陶我们，这样我们才会嗅到更多的芬芳。

生命太短暂，我们不能在碌碌无为中渺小地度过一生。与优秀的人在一起，创造不平凡的人生，才是我们明智的选择。

十年后，你会变成谁，过得怎么样

给自己定好位了，人生就不会有那么多的烦恼，你的人生也将从此而精彩。

在水生动物中，螃蟹是横着走路的，河虾倒退着走路。它们怪异的行走方式引来了不少嘲笑和讥讽。一天，敏捷矫健的银鱼嘲笑说："螃蟹你真笨！横着走路！如果旁边有障碍物你怎么走啊？"聪明的章鱼也插嘴讥讽道："河虾更傻，向前走多顺啊，可它偏偏倒着走，何时才能到头啊？"螃蟹和河虾听见了，只是淡淡一笑。它们心里知道，选择什么样的行走方式，是根据自己的身体情况决定的。只要有自知之明，了解自己的特点，把握好方向和目标，给自己定好位，横着走或者倒着走，都是一种前进的姿势。

人最可贵的是有自知之明，即使这无助于发现真理，它至少也是一项生活准则。法国著名画家安格尔曾说过这么一句话："我在日常生活中严守着一个美好的准则：'贵在自知之明'，我也是素以此来鞭策自己的。"

齐庄公乘车出游的时候，在路上看见一只小小的螳螂伸出前臂，准备去阻挡车子的前进，齐庄公不由非常惊讶。车夫就告诉齐庄公："这种虫子凡是看到对手，就会伸出自己的前臂，想要抵挡对手的进攻，却往往没想过自己的力量有多大，所以经常被车压死。"

这就是成语螳臂当车的由来，以此来比喻那些没有自知之明、不自量力的人。

张丽工作的那家公司倒闭半年了，她依然没有找到工作。不是没公司愿意录用她，而是她在原来那家公司工作时月薪为2000元。所以她发誓一定要找一份月薪不低于2000元的工作。父亲得知她的想法，要她跟他一起去卖菜。

其他菜父亲卖的和别人一个价，而唯有白菜，人家卖5毛钱一斤，父亲非卖8毛钱一斤。父亲说自己的白菜是全市最好的，可一连几个人来问过价后都嫌贵。

她有点着急了，对父亲说："我们也降为5毛钱一斤吧。"

父亲不同意，坚持道："我们的白菜是整个菜市场里最好的，不愁没有人买。"

有个人来问价钱了，非常喜欢她家的白菜，但就是嫌贵。那人软磨硬泡，最后一跺脚、狠狠心说："7毛一斤，我都要下。"可父亲仍然一分钱也不让。

时间一分一秒过去了，市场内的菜价也在慢慢下跌。许多菜农的白菜大都卖完了，没有卖完的因是挑剩下的而卖到4毛钱一斤，但父亲却只降价到6毛钱一斤。她急了，建议父亲也卖4毛钱一斤，但父亲仍不同意，他仍坚持说自家的白菜是最好的。

中午过后，不能隔夜卖的白菜已被降价到了2毛一斤。黄昏时分，有的人干脆开始卖1元一大棵。而她家的白菜经过一天的日晒已经毫无优势可言，但父亲仍然坚持不降价。天快黑时，一个中年妇女过来问："这堆白菜5块卖不卖？"看来不卖就只有拿回家自己吃了，于是父亲就卖了。

回家的路上，她埋怨父亲太固执，以至白白浪费机会，反而少卖了好多钱。父亲没有反驳，只是笑了笑，意味深长地说："总

以为早上能以八毛钱的价格把白菜卖掉,谁知越等越不值钱。"

她深深地被父亲的话触动了,心想:我不就是这样吗?于是第二天,她就到一家公司上班了,月薪1500元。

我们常常说的不能眼高手低,说的就是这个意思:不能将自己定位太过高于本身实际所处的位置。对本属于自己的位置的不屑一顾,只会换来不断的碰壁。尤其在自己处于低谷的时候,更应该正确认识到自己所处的环境,正确估量自己,然后才能一步一个脚印地往上攀登。

是火柴你就发光,是轮胎你就奔跑,是音箱你就歌唱。每一样东西每一个人都有自己的特点和使命。只有找准了自己的位置,人生才有成功的可能。

第 2 章

你要相信，
没有到达不了的明天

善于等待的人,一切都会及时到来

在现实生活中,常有人犯浮躁的毛病。他们做事情往往既无准备,又无计划,只凭脑子一热、兴头一来就动手去干。他们不是循序渐进地稳步向前,而是恨不得一锹挖成一眼井,一口吃成胖子。结果必然是事与愿违,欲速则不达。

古时候有兄弟二人,很有孝心,每日上山砍柴卖钱为母亲治病。神仙为了帮助他们,便教他们二人,可用4月的小麦、8月的高粱、9月的稻、10月的豆、12月的雪,放在千年泥做成的大缸内密封49天,待鸡叫3遍后取出,汁水可卖钱。兄弟二人各按神仙教的办法做了一缸。待到49天鸡叫2遍时，老大耐不住性子打开缸，一看里面是又臭又黑的水，便生气地洒在地上。老二坚持到鸡叫3遍后才揭开缸盖，里边是又香又醇的酒，所以"酒"与"洒"字差了一小横。

当然，酒字的来历未必是这样。但这个故事却说明了一个深刻的道理：成功与失败，平凡与伟大，两者之间的距离往往就在一步之间，咬紧牙关向前迈一步就成功了；停住了，泄气了，只能是前功尽弃。这一步就是韧劲的较量，是意志力的较量。

社会中许多新鲜的外来事物都纷纷涌了进来。花花世界的花花事物，难免会对人产生极大的诱惑，而这极大的诱惑，会使人变得浮躁。许多人会想，我为什么不能拥有这些东西呢？别人可以拥有，我为什么不可以呢？

在这样的心态之下,他就浮躁起来,很想自己一下子能取得那么多物质上的东西,享受到自己以前享受不到的东西。

可是,事情就是这样,你越着急,就越不会成功。因为着急会使你失去清醒的头脑,结果,在你的奋斗过程中,浮躁占据着你的思维,使你不能正确地制定方针、策略以稳步前进。结果自然适得其反。

许多年轻人就是这样,给自己确立了"3年计划""5年计划",下定决心要在3年内赚3000万,5年内成为一个亿万富豪。

这些年轻人之所以制订这样的计划,也许,他们心目中的学习榜样正是李嘉诚。可他们这个时候却忘了,李嘉诚之所以成功,之所以成为华人首富,不是靠什么3年计划、5年计划,他是一步一个脚印,通过几十年而绝不仅仅是几年的奋斗得来的,而他的奋斗也是充满了艰辛与坎坷的。这些艰辛与坎坷,我们现在说起来好像挺轻松,而在当时,他是一天一天、一小时一小时、一分一分、一秒一秒地捱过来的。对这分分秒秒的艰辛与坎坷的体味,需要多大的毅力与意志!一个浮躁的人,是不会这么细心地去品味这些滋味的,也许,他们一尝到这样的滋味,就马上退却了。而李嘉诚,作为一个稳健的人,他深知:这样的苦难是必定要经受的,只有经受这些苦难才能赢得最终的甜美。

一个不浮躁的、稳健的人,通常也是一个不断地要求自己、完善自己、使自己不断适应时代与社会变革的人。也只有这样的人,才是最终会取得成功的人。

在这里，浮躁与稳健对于一个人成败的影响，一目了然。

只有不浮躁，才会吃得起成功路上的苦。

只有不浮躁，才会有耐心与毅力一步一个脚印地向前迈进。

只有不浮躁，才会制定一个接一个的小目标，然后一个接一个地实现它，最后走向大目标。

只有不浮躁，才不会因为各种各样的诱惑而迷失方向。

人这一辈子总有一个时期需要卧薪尝胆

人生不如意事十之八九，即使是一个十分幸运的人，在他的一生中也总有一个或几个时期处于十分艰难的情况，总能一帆风顺的时候几乎没有。看一个人是否成功，我们不能看他成功的时候或开心的时候怎么过，而要看其在不顺利的时候，在没有鲜花和掌声的落寞日子里怎么过。有句话是这么说的："在前进的道路上，如果我们因为一时的困难就将梦想搁浅，那只能收获失败的种子，我们将永远不能品尝到成功这杯美酒芬芳的味道。"

在中国商界，史玉柱代表着一种分水岭。

他曾经是20世纪90年代最炙手可热的商界风云人物，但也因为自己的张狂而一赌成恨，血本无归。下了很大的决心后，史玉柱决定和自己的三个部下爬一次珠穆朗玛峰，那个他一直想去的地方。

"当时雇一个导游要800元，为了省钱，我们四个人什么也不知道就那么往前冲了。"1997年8月，史玉柱一行四人就从珠峰5300米的地方往上爬。要下山的时候，四人身上的氧气用完了，走一会儿就得歇一会儿。后来，又无法在冰川里找到下山的路。

"那时候觉得天就要黑了，在零下二三十摄氏度的冰川里，如果等到明天天黑肯定要冻死。"

许多年后，史玉柱把这次的珠峰之行定义为自己的"寻路之旅"。之前的他张狂、自傲，带有几分赌徒似的投机秉性。33岁那年刚进入《福布斯》评选的中国大陆富豪榜前十名，两年之后，他就负债2.5亿元，成为"中国首负"，自诩是"著名的失败者"。珠峰之行结束之后，他沉静、反思，仿佛变了一个人。

不管在高耸入云的珠穆朗玛峰上，史玉柱有没有找到自己的路，一番内心的跌宕在所难免。不然，他不会从最初的中国富豪榜沦落到"首负"之后，又发展到如今的百亿身家。其中艰辛常人必定难以体会。正因为如此，有人用"沉浮"二字去形容他的过往,而史玉柱从失败到重新崛起的经历,也值得我们探究。

20世纪90年代,史玉柱是中国商界的风云人物。他通过销售巨人汉卡迅速赚取超过亿元的资本,凭此赢得了巨人集团所在地珠海市第二届科技进步特殊贡献奖。那时的史玉柱事业达到了顶峰,自信心极度膨胀,似乎没有什么事做不成。也就是在获得诸多荣誉的那年,史玉柱决定做点"刺激"的事:要在珠海建一座巨人大厦,为城市争光。

大厦最开始定的是18层,但最后大厦层数节节攀升,一直飚到72层。此时的史玉柱就像打了鸡血一样,明知大厦的预算超过10亿元,手里的资金只有2亿元,还是不停地加码。最终,巨人大厦的轰然倒地让不可一世的史玉柱尝尽了苦头。他曾经在最后的关头四处奔走寻觅资金,但"所有的谈判都失败了"。

随之而来的是全国媒体的一哄而上,成千上万篇文章骂他,欠下的债也是个极其恐怖的数字。史玉柱最难熬的日子是1998年上半年,那时,他连一张飞机票也买不起。"有一天,为了到无锡去办事,我只能找副总借,他个人借了我一张飞机票的钱,1000元。"到了无锡后,他住的是30元一晚的招待所。女招待员认出了他,没有讽刺他,反而给了他一盆水果。那段日子,史玉柱一贫如洗。如果有人给那时的史玉柱拍摄一些照片,那上面的脸孔必定是极度张狂到失败后的落寞,焦急、忧虑是史玉柱那时最生动的写照。

经历了这次失败,史玉柱开始反思。他觉得性格中一些癫狂的成分是他失败的原因。他想找一个地方静静，于是就有了一年多的南京隐居生活。

在中山陵前面的一块地方，有一片树林，史玉柱经常带着一本书和一个面包到那里充电。那段时间，他读了很多书。那时，他每天十点多钟起床，然后下楼开车往林子那边走，路上会买好面包和饮料。部下在外边做市场，他只用手机操作。晚上快天黑了就回去，在大排档随便吃一点，一天就这样过去了。

后来有人说，史玉柱之所以能"死而复生"，就是得益于那时候的"卧薪尝胆"。他是那种骨子里希望重新站起来的人。事业可以失败，精神上却不能倒下。经过一段时间的修身养性，他逐渐找到了自己失败的症结：之前的事业过于顺利，所以忽视了许多潜在的隐患。不成熟、盲目自大，野心膨胀，这些，就是他性格中的不安定因素。

他决心从头再来，此时，史玉柱身体里"坚强"的秉性体现出来。他在那次珠峰以及多次"省心"之旅后踏上了负重的第二次创业。这次事业的起点是保健品脑白金。

因为之前的巨人大厦事件，全国上下已经没有几个人看好史玉柱。他再次的创业只是被更多的人看作赌徒的又一次疯狂。但脑白金一经推出，就迅速风靡全国，到 2000 年，月销售额达到 1 亿元，利润达到 4500 万元。自此，巨人集团奇迹般地复活。虽然史玉柱还是遭到全国上下诸多非议，但不争的事实却是，史玉柱曾经的辉煌确实慢慢回来了。

赚到钱后，他没想到为自己谋多少私利，他做的第一件事就是还钱。这一举动，再次使其成为众人的焦点。因为几乎没有人能够想到史玉柱有翻身的一天，更没想到这个曾经输得一贫如洗的人能够还钱，但他确实做到了。

认识史玉柱的人，总说这些年他变化太大。怎么能没有变化呢？一个经历了大起大落的人，内心总难免泛起些波澜。而对于史玉柱，改变最多的，大概是心态和性格。几番沉浮，很少有人再看到他像早些年那样狂热、亢奋、浮躁，更多的是沉稳、坚忍和执着。即使是十分危急的关头，他也是一副胸有成竹、不慌不忙的样子。

回想自己早年的失败时，史玉柱曾特意指出，巨人大厦"死"掉的那一刻，他的内心极其平静。而现在，身家百亿的他也同样把平静作为自己的常态。只是，这已是两种不同的境界。前者的平静大概象征一潭死水，后者则是波涛过后的风平浪静。

起起伏伏，沉沉落落，有些人就是在这样的过程中变得强大和不可战胜。良好的性情和心态是事业成功的关键，少了它们，事业的发展就可能徒增许多波折。

人生难免有低谷的时候，在这样的时刻，我们需要的就是忍受寂寞，卧薪尝胆。就像当年越王勾践那样，三年的时间里，作为失败者他饱受屈辱，被放回越国之后，他选择了在寂寞中品尝苦胆，铭记耻辱，奋发图强，最终得以雪耻。

不要羡慕别人的辉煌，也不要眼红别人的成功，只要你能忍受寂寞，满怀信心地去开创，默默付出，相信生活一定会给你丰厚的回报。

辉煌的背后，总有一颗努力拼搏的心

2009年的春节联欢晚会上，和小品大师赵本山一起合作表演小品《不差钱》的演员"小沈阳"沈鹤，一夜之间红遍中国。他的那几句台词也成为很多人模仿的样本："人这一生其实可短暂了，有时候一想跟睡觉是一样儿一样儿的。眼睛一闭一睁，一天过去了，眼睛一闭不睁，这一辈子就过去了。""人不能把钱看得太重，钱乃身外之物。人生最痛苦的事情你知道是什么吗？人死了，钱没花了。"

沈鹤靠着春晚迅速蹿红，一时之间全国各大媒体上都会看见小沈阳的影子，不论是赞扬的还是质疑的，但无可厚非的一个事实就是他的表演起码已经被大部分的电视观众所接受。这么快的蹿红对于一个艺人来说是求之不得的事情，但是在光鲜的背后，小沈阳也有着心酸的回忆。

小沈阳家境贫寒，他很早就辍学了。为了将来有口饭吃，他曾经学过武术，但发现不适合自己，最终他选择了二人转，报考了铁岭县剧团。学成之后，他又去了长春小剧场进行表演，这一演就是七年。七年之后，赵本山接纳了他，收他为徒，从此他跟着赵本山认真学艺，直到2009年被更多的人认识。

早在2008年的时候，沈鹤其实已经"进军"春晚，但是几个回合下来，他的节目被刷下来了。而他的节目本来打算上央视的元宵晚会，但是又临时被取消了。但是他依旧努力跟师傅赵本山学习二人转，学习表演。直到2009年，他终于踏入春晚的大门，并且真正地走红了。

如今的小沈阳是令人羡慕的，就像有人说的那样，很多人关心的只是我们跑得快不快，而很少有人关心我们跑得累不累。所以，在每一个出人头地者的背后，不知道隐藏了多少委屈和艰辛的泪水。

香港喜剧大王周星驰也是一样，在成名之前，他自己一个人默默地奋斗着，对于自己追逐的梦想从没想过要放弃。他在《射雕英雄传》里只是饰演一个刚一出场就被打死的士兵，他甚至问导演，在死之前伸出手去挡一下可以吗？

他在演艺这条道路上默默地前行、摸索。今天的周星驰已不可同日而语，他算得上是香港电影史上的里程碑，他开创了周氏幽默。凡是讲到香港电影史，一定不能落下周星驰的电影，它是一个时代的标志，是香港喜剧的集大成者。

那些仍然在黑暗中努力拼搏的人们，千万不要丧失了信心，失去前进的动力。任何成功都充满着艰辛，或许，再坚持一会儿，你就会看到前面灿烂的阳光；或许再坚持一会儿，人生就会改变。

许多人做事时非常努力，却坚持不到最后。其实，若心中有梦，总会有实现的那一天，哪怕现在我们仍在黑暗中摸爬滚打，哪怕别人认为我们现在是如何的不起眼，没有关系，只要自己相信自己，付出努力，坚持向着梦想的方向努力，就会让我们心中的幼芽开花、结果。

不眼红别人的辉煌，心中只装着自己的目标

别人的人生再辉煌，你也感受不到任何光和热，别人的辉煌与自己毫无关联，你所能做的就是耐住寂寞，认准自己的目标，然后一步步地向自己的目标迈进，千万不要让别人的成功迷失了自己。

在2006年之前，低调的张茵对于大众而言还是一张很陌生的面孔。一夜之间，"胡润富豪榜"将这一当年中国女首富推出水面，这个颇具传奇色彩的商界红颜瞬间成为公众瞩目的焦点。

在美国《财富》杂志"2007年最有影响力商业女性50强"中，她被称为"全球最富有的白手起家的女富豪"！张茵已成为这个时代平民女性的榜样。

玖龙造纸有限公司，当这一企业红遍大江南北时，张茵也因此赢得了"废纸大王"的美誉。这个东北姑娘当年的泼辣闯劲至今还留在亲人的脑海里。

张茵出生于东北，走出校门后，做过工厂的会计，后在深圳信托公司的一个合资企业里也做过财务工作。1985年，她曾有过当时看来绝好的机遇：分配住房，年薪50万港币……然而，张茵却只身携带3万元前往香港创业，在香港的一家贸易公司做包装纸的业务。

而她成功的原因就是做事专注而坚定。看准商机就下手，全心全意去做事。对于中国四大发明之一的传统行业——造纸业，张茵情有独钟，倾注了很多的心血：从香港到美国，再到香港，继而把战场转向家乡，扩大到全世界，她的足迹随着纸浆的流动遍布全球。最初入行的张茵以"品质第一"为本，坚决不往纸浆里面掺水，因而触犯同行的利益吃尽了苦头，她曾接到黑社会的恐吓电话，也曾被合伙人欺骗。从未退缩的张茵凭借豪爽与公道逐渐赢得了同行的信任，废纸商贩都愿意把废纸卖给她，尽管她的粤语说得不好,但是诚信之下,沟通不是问题。

6年时间很快过去,赶上香港经济蓬勃时期的张茵不但站稳了脚跟,而且还在完成资本积累的同时,把目光投向了美国市场。因为有了在香港积累的丰富创业实践经验和一定资本,加之美国银行的支持,1990年起,张茵的中南控股(造纸原料公司)成为美国最大的造纸原料出口商,美国中南有限公司先后在美建起了7家打包厂和运输企业,其业务遍及美国、欧亚各地,在美国各行各业的出口货

柜中数量排名第一。

成为美国废纸回收大王后，独具慧眼的张茵有了新的想法：做中国的废纸回收大王！1995年，玖龙纸业在广东东莞投建。12年后的今天，玖龙纸业产能已近700万吨，成为一家市值300多亿港元的国际化上市公司……

从张茵的身上，我们看到了她的专注与坚定。无论做什么事，都全身心地投入。只要全心全意想要做好一件事，无论遇到什么困难与挫折，只要沉着应对，都可以化险为夷。

有人说，挡住人前进步伐的不是贫穷或者困苦的生活环境，而是内心对自己的怀疑。但是，如果一个人内心里始终装着自己的目标，并且能够耐得住寂寞，静下心来学着为自己的目标积累能量，坚定不移地为实现自己的目标而努力，那么即使他贫穷到买不起一本书，仍然可以通过其他途径来获得知识。

人若是耐不住寂寞，老是眼红别人的成就，则不免会产生愤懑之心，看不惯别人取得的成就，要么悲叹命运之苦，要么控诉社会不公，这样一来，难免会让自己陷入负面情绪当中，而影响了自己的前程。

乐观的人看到希望，悲观的人只能看到绝望

乐观与悲观是两种截然不同的人生态度。乐观的人对自己、对他人、对世界、对未来充满信心，凡事总能从积极的、正面的角度去考虑，因而能在困境中看到希望，找到出路；悲观的人对自己、

对他人、对世界、对未来缺乏信心，凡事总从消极的、负面的角度去考虑，因而在光明中总能看到阴暗，感到绝望。

面对同样的启明星，乐观者会说，虽然摘不到，却永远在前头；而悲观者则会说，虽然在前头，却永远摘不到。面对燃烧的蜡烛，乐观者会说，虽然燃烧了自己，却照亮了别人，真值得；而悲观者会说，虽然照亮了别人，却毁灭了自己，太可悲。乐观与悲观决定着一个人对事物的看法；决定着一个人心情的快乐与郁闷；决定着一个人行为的积极与消极；决定着一个人前途的光明与暗淡。

悲观者说，希望是地平线，就算看得见，却永远走不到；

乐观者说，希望是启明星，即使摘不到，也能告诉人们曙光就在前头。

乐观的人习惯用积极的方式解释问题，悲观的人会把问题做负面解释。

乐观的人会把差别抛诸脑后、拒绝停留在问题上，悲观的人认为问题是他们的产品短处或是他们服务不良的证明。乐观的人会不断地去思考如何做才能做得更好，而悲观的人往往停留在自己做错的地方，变得堕落沮丧。

悲观的想法很少落空，假如你预期某事会有不妙的结果，结果也许会真的不妙；相反，乐观主义也会如此，假如预期会有好事发生，通常它就会发生。乐观和成功似乎存在着一种自然的因果关系。

乐观的人看到希望，悲观的人只能看到绝望。

乐观和悲观都具有强大的力量，我们每个人都必须从中做出选择以塑造我们的人生观。每个人的生命中都有足够的好坏——充足的悲喜、哀乐——来达到乐观或悲观的理性基础。我们可以选择笑也可以选择哭，该从哪个角度看待我们的人生，是满怀希望还是悲观失望，那是我们的选择。

乐观主义把我们的注意力从悲观主义中转移，并引向积极、有建设性的想法。如果你是一个乐观主义者，你会更关心问题的解决，而不是无谓地吹毛求疵。

不经痛苦的忍耐，怎能有珍珠的璀璨

幸运、成功永远只能属于努力的人，有恒心不易变动的人，能坚持到底、绝不轻言放弃的人。

耐性与恒心是实现目标过程中不可缺少的条件，是发挥潜能的必要因素。耐性、恒心与追求结合之后，形成了百折不挠的巨大力量。

一位青年问著名的小提琴家格拉迪尼："你用了多长时间学琴？"格拉迪尼回答："20年，每天12小时。"

我们与大千世界相比，或许微不足道，但是我们能够耐心地增长自己的学识和能力，当我们成熟的那一刻、一展所能的那一刻，将会有惊人的成就。正如布尔沃所说的："恒心与忍耐力是征服者的灵魂，它是人类反抗命运、个人反抗世界、灵魂反抗物质的最有力支持。从社会的角度看，考虑到它对种族问题和社会制度的影响,其重要性无论怎样强调也不为过。"

凡事没有耐性,耐不住寂寞,不能持之以恒,正是很多人最后失败的原因。英国诗人布朗宁写道:

实事求是的人要找一件小事做,
找到事情就去做。
空腹高心的人要找一件大事做,
没有找到则身已故。
实事求是的人做了一件又一件,
不久就做一百件。
空腹高心的人一下要做百万件,
结果一件也未实现。

拥有耐力和恒心,虽然不一定能使我们事事成功,但却绝不会令我们事事失败。古巴比伦富翁拥有恒久的财富秘诀之一,便是保持足够的耐心,坚定发财的意志,所以他才有能力建设自己的家园。任何成就都来源于持久不懈的努力,要把人生看作一场持久的马拉松。整个过程虽然很漫长、很劳累,但在挥洒汗水的时候,我们已经慢慢接近了成功的终点。半路放弃,我们就必须要找到新的起点,那样我们只会更加迷失,可是如果能坚持原路行进,终点不会弃我们而去。也许,我们每个人的心里都有一个执着的愿望,只是一不小心把它丢失在了时间的蹉跎里,让天下间最容易的事变成了最难的事。然而,天下事最难的不过十分之一,能做成的有十分之九。要想成就大事大业的人,尤其要有恒心来成就它,要以坚忍不拔的毅力、百折不挠的精神、排除纷繁复杂的耐性、坚贞不变的气质,作为涵养恒心的要素,去实现人生的目标。

在最深的绝望里,遇见最美丽的风景

所谓绝境,不过是成功前的一个热身、蹲下身、屈起臂膀、起跳……这一个个动作,都是为最后那完美的冲刺所做的精心准备。因此,不管你现在顺利与否、灰心与否,让我们共同记住:天无绝人之路,更无绝人之境。面对人生接踵而至的绝境,要坚定地告诉自己:我一定能在最深的绝望里,遇见最美丽的惊喜。

当你被命运无情捉弄,当你的生活一无所有,当你失去亲人和朋友,当你的肢体变得残缺,请不要绝望,因为你还有人最宝贵的东西——生命。所以不管遭受了多么大的打击,也不要放弃活下去的念头,每个人都是造物主的杰作,父母赐予我们生命,我们就该好好珍惜。看看那些为了生存苦苦挣扎的人,他们都在为生存而努力勇敢地走下去。

跌倒了爬起来继续往前走,放弃堕落和脆弱,只要活着,就有希望。

也许你以为自己深陷绝路,你认为所有的努力都是徒劳的,其实,再坚持一会儿,再试一下,就有可能看到胜利的曙光。很多时候，打败你的不是对手，也不是外部的环境，而是你自己的脆弱。并不是生活把你逼上了绝路，而是你自己把自己拉向了深渊。不管身处什么样的境地，都不要用绝望代替希望，只要有希望与你同在，总会出现柳暗花明又一村的转机。

相信自己没有什么不能做到，如果抱着巨大的热情和坚强的意志去改变现实，你就能掌控自己的命运。

只有多吃一点儿苦，才能磨炼出我们克服困难的勇气。只要我们有突破困境的信心，就不会惧怕黎明前的黑暗。只要我们能再坚持一下，再努力一回，迈出自己自信的步伐，完成这最后也是最关键的一步，我们就一定能进入成功的殿堂。

信念是溺水时的救生圈，只要不松手，希望就在

如果没有信念，那我们的一生只能沦于平庸。

信念其实不高，不过是困境中的一种心理寄托。就像是饥渴时的一个苹果，就算不吃只是看着，也足以让自己渡过难耐的时

刻；就像是溺水后的一个救生圈，只要牢牢抓住不放，坚定活下去的信心，就一定能看见生的希望。一个坚持自己信念的人，永远也不会被困难桎梏，因为信念是打开枷锁的钥匙，它可以将你从恶劣的现状中解救出来，还你意料之外的圆满结局。

正因为有美好的追求才诞生了无数斑斓的梦想，正因为有坚强的信念才催生了无数坚挺的身影。信念的力量是伟大的，它支持着人们生活，催促着人们奋斗，推动着人们进步，正是它，创造了世界上一个又一个的奇迹。在生命最脆弱的危急时刻，信念能让你爆发出超乎自己想象的力量。

天才小提琴家马莎患有癫痫症，一直以服药控制病情。直到有一天药物都不起作用了，医生无奈之下割除了她一部分脑叶。之后她动过许多次手术，但奇怪的是，每一次手术都没有影响她的演奏能力。后来医生才发现，原来在马莎很小的时候，她的大脑就已遭到损坏，原脑叶的演奏能力神奇地被其他脑叶所取代。

一个大脑遭到损坏的人竟有如此非凡的成就简直就是一个奇迹,而这个奇迹的创造不能不说是由马莎坚强的信念所支撑而产生的。信念的力量是惊人的,它可以改变恶劣的现状,带给人们无限的希望,缔造令人难以置信的神话。一个没有信念,或者不坚持信念的人,只能平庸地过一生;而一个坚持信念的人,永远也不会被困难击倒。信念是推动一个人走向成功的动力,拥有信念的人永远不会被眼前的困难吓倒,也不会迷失前进的方向,因为他们的心里只有永不放弃的目标。

著名的胡达·克鲁斯老太太在七十岁高龄之际才开始学习登山,别人都认为她的举动只不过是闹着玩儿,她那老迈的身体根本不可能登上多高的山峰。但老太太始终坚信一个人能做什么事不在于年龄的大小,而在于怎么做。她凭着自己坚定的信念,一次次突破生命的极限,最后她成功地登上了几座世界上有名的高山。而且她还在95岁那年,成功登上了日本的富士山,打破了

攀登此山年龄的最高纪录。

影响我们人生命运的绝不是环境，而是我们持有什么样的信念。当信念开始在心中矗立起来时，我们离成功的目标就越来越近了。

事实上，生活中谁都难免遭遇"溺水"的困境。无论遭受多少艰难，无论经历多少困苦，只要一个人的心中不失信念的力量，总有一天，他会突出重围，让生命之花绽放得更加灿烂。

第3章

对自己狠一点，离成功近一点

你最大的敌人就是自己

每个人最大的对手就是自己。如果你能战胜自己，走出布满阴霾的昨天，你也能成为一个幸福的人，获得自己人生的奖赏。

驯鹿和狼之间存在着一种非常独特的关系，它们在同一个地方出生，又一同奔跑在自然环境极为恶劣的旷野上。大多数时候，它们相安无事地在同一个地方活动，狼不骚扰鹿群，驯鹿也不害怕狼。

在这看似和平安闲的时候，狼会突然向鹿群发动袭击。驯鹿惊愕而迅速地逃窜，同时又聚成一群以确保安全。狼群早已盯准了目标，在这追和逃的游戏里，会有一只狼冷不防地从斜刺丛里蹿出，以迅雷不及掩耳之势抓破一只驯鹿的腿。

游戏结束了，没有一只驯鹿牺牲，狼也没有得到一点食物。第二天，同样的一幕再次上演，依然从斜刺丛里冲出一只狼，依然抓伤那只已经受伤的驯鹿。

每次都是不同的狼从不同的地方蹿出来做猎手，攻击的却只是那一只鹿。可怜的驯鹿旧伤未愈又添新伤，逐渐丧失大量的血和力气，更为严重的是它逐渐丧失了反抗的意志。当它越来越虚弱，已不会对狼构成威胁时，狼便跳起而攻之，美美地饱餐一顿。

其实，狼是无法对驯鹿构成威胁的，因为身材高大的驯鹿可以一蹄把身材矮小的狼踢死或踢伤，可为什么到最后驯鹿却成了狼的腹中之食呢？

狼是绝顶聪明的，它们一次次抓伤同一只驯鹿，让那只驯鹿经过一次次的失败打击后，变得信心全无，到最后它完全崩溃了，完全忘了自己还有反抗的能力。最后，当狼群攻击它时，它放弃了抵抗。

所以，真正打败驯鹿的是它自己，它的敌人不是凶残的狼，而是自己脆弱的心灵。同样的道理，要让自己强大起来，唯一的

方法就是挑战自己，战胜自己，超越自己。

每个人最大的对手就是自己。如果你能战胜自己，走出布满阴霾的昨天，你也能成为幸福的人，获得自己人生的奖赏。

狠下心，绝不为自己找借口

没有人与生俱来就会表现出能与不能，而是你自己决定要以何种态度去对待问题。保持一颗积极、绝不轻易放弃的心去面临各种困境，而不要让借口成为你工作中的绊脚石。

世界上最容易办到的事是什么？很简单，就是找借口。狐狸吃不到葡萄，它就找出一个借口：葡萄是酸的。我们都讥笑狐狸的可怜，但我们又不自觉地为自己找借口。

在我们日常生活中，常听到这样一些借口：上班晚了，会有"路上堵车""闹钟坏了"的借口；考试不及格，会有"出题太偏""题目太难"的借口；做生意赔了本有借口；工作、学习落后了也有借口……只要有心去找，借口总是有的。

久而久之，就会形成这样一种局面：每个人都努力寻找借口来掩盖自己的过失，推卸自己本应承担的责任。于是，所有的过错，你都能找到借口来承担，借口让你丧失责任心和进取心，这对于你的生活和工作都是极其不利的。

没有人与生俱来就会表现出能与不能，是你自己决定要以何种态度去对待问题。保持一颗积极、绝不轻易放弃的心去面临各种困境，而不要让借口成为你工作中的绊脚石。

年轻的亚历山大继承了马其顿的王位后，拥有广阔的土地和无数的臣民，可这并不能满足他的野心。一次，亚历山大因一场战争离开故乡，他的目光被一片肥沃的土地吸引，那里是波斯王国。于是，他指挥士兵向波斯大军发起了进攻，并在一场又一场战斗中打败了对手。随后陷落的是埃及。埃及人将亚历山大视为神一般的人物。卢克索神庙中的雕刻表明，亚历山大是埃及历

史上第一位欧洲法老。为了抵达世界的尽头,他率领部队向东,进入一片未知的土地。20多岁的时候,他就已经击败了阿富汗的地区头领。接着,他又很快对印度半岛上的王侯展开了猛烈的进攻……

在仅仅十多年的时间里,亚历山大就建立起了一个面积超过200万平方英里的帝国。因为他在任何情况下都不找借口,即使是条件不存在,他也毫不犹豫地去创造条件。

做事没有任何借口。条件不足,创造条件也要上。美国成功学家拿破仑·希尔曾说过这样一段话:"如果你有自己系鞋带的能力,你就有上天摘星的机会!"让我们改变对借口的态度,把寻找借口的时间和精力用到努力工作中来。因为工作中没有借口,失败没有借口,成功也不属于那些找借口的人!

第二次世界大战时期的著名将领蒙哥马利元帅在他的回忆录《我所知道的二战》中有这样一个故事:

"我要提拔人的时候,常常把所有符合条件的候选人集合到一起,给他们提一个我想要他们解决的问题。我说:'伙计们,我要在仓库后面挖一条战壕,8英尺长,3英尺宽,6英寸深。'说完就宣布解散。我走进仓库,通过窗户观察他们。

"我看到军官们把锹和镐都放到仓库后面的地上,开始议论我为什么要他们挖这么浅的战壕。他们有的说6英寸还不够当火炮掩体。其他人争论说,这样的战壕太热或太冷。还有一些人抱怨他们是军官,这样的体力活应该是普通士兵的事。最后,有个人大声说道：'我们把战壕挖好后离开这里，那个老家伙想用它干什么，随他去吧！'"

最后，蒙哥马利写道："那个家伙得到了提拔，我必须挑选不找任何借口地完成任务的人。"

一万个叹息抵不上一个真正的开始。不怕晚开始，就怕不开始。没有第一步，就不会有万里长征；没有播种，就不会有收获；没有开始，就不会有进步。因此，你千万不要找借口，再困难的事只要你尝试去做，也比推辞不做要强。

不经历风雨，怎能见彩虹

"不经历风雨，怎能见彩虹"，任何一次成功都要经过艰辛的奋斗和痛苦的磨炼，才能拥有。

老鹰是世界上寿命最长的鸟类，它可以活到70岁。要活那么长的寿命，它在40岁时必须做出艰难却重要的决定。

当老鹰活到40岁时，它的爪子开始老化，无法有效地抓住猎物。它的喙变得又长又弯，几乎碰到胸膛。它的翅膀变得十分沉重，因为它的羽毛长得又浓又厚，使得飞翔十分吃力。

它只有两种选择：等死，或经过一个十分痛苦的更新过程。

老鹰要经过150天漫长的历练，很努力地飞到山顶。在悬崖上筑巢。停留在那里，不得飞翔。

老鹰首先用它的喙击打岩石，直到完全脱落，然后静静地等待新的喙长出来。

它会用新长出的喙把指甲一根一根地拔出来,当新的指甲长出来后,它们便把羽毛一根一根地拔掉。5个月以后,新的羽毛长出来了。这个时候,老鹰才能开始飞翔,重新得到30年的岁月!

在我们的生命中,有时候我们也必须做出艰难的决定,然后才能获得重生。我们必须把旧的习惯、旧的传统抛弃,使我们可以重新飞翔。只要我们愿意放下旧的包袱,愿意学习新的技能,我们就能发挥我们的潜能,创造新的未来。

乔·路易斯,世界十大拳王之一,可以说是历史上最为成功的重量级拳击运动员,在长达12年的时间里,他曾经让25名拳手败在自己的拳下。

自从上学以后,乔伊·巴罗斯就成了同学嘲弄的对象。放学后,别的18岁的男孩子进行篮球、棒球这些"男子汉"的运动,可乔伊却要去学小提琴!这都是因为巴罗斯太太望子成龙心切。20世纪初,黑人还很受歧视,母亲希望儿子能通过某种特长改变

命运，所以从小就送乔伊去学琴。那时候，对于一个普通家庭来说，每周 50 美分的学费是个不小的开销，但老师说乔伊有天赋，乔伊的妈妈觉得为了孩子的将来，省吃俭用也值得。

但同学不明白这些，他们给乔伊取外号叫"娘娘腔"。一天乔伊实在忍无可忍，用小提琴狠狠砸向取笑他的家伙。一片混乱中，只听"咔嚓"一声，小提琴裂成两半儿——这可是妈妈节衣缩食给他买的。泪水在乔伊的眼眶里打转，周围的人一哄而散，边跑边叫："娘娘腔，拨琴弦的小姑娘……"只有一个同学既没跑，也没笑，他叫瑟斯顿·麦金尼。

别看瑟斯顿长得比同龄人高大魁梧，一脸凶相，其实他是个热心肠的好人。虽然还在上学，瑟斯顿已经是底特律"金手套大赛"的卫冕冠军了。"你要想办法长出些肌肉来，这样他们才不敢欺负你。"他对沮丧的乔伊说。瑟斯顿不知道，他的这句话不但改变了乔伊的一生，甚至影响了美国一代人的观念。虽然日后瑟斯顿在拳坛没取得什么惊人的成就，但因为这句话，他的名字被载入拳击史册。

当时，瑟斯顿的想法很简单，就是带乔伊去体育馆练拳击。

乔伊抱着支离破碎的小提琴跟瑟斯顿来到了体育馆。"我可以先把旧鞋和拳击手套借给你,"瑟斯顿说,"不过,你得先租个衣箱。"租衣箱一周要 50 美分,乔伊口袋里只有妈妈给他这周学琴的 50 美分,不过琴已经坏了,也不可能马上修好,更别说去上课了。乔伊狠狠心租下衣箱,把小提琴放了进去。

开头几天,瑟斯顿只教了乔伊几个简单的动作,让他反复练习。一个礼拜快结束时,瑟斯顿让乔伊到拳击台上来,试着跟他对打。没想到,才第三个回合,乔伊一个简单的直拳就把"金手套"瑟斯顿击倒了。爬起来后,瑟斯顿的第一句话就是:"小子,把你的琴扔了!"

乔伊没有扔掉小提琴,但他发现自己更喜欢拳击,每周 50 美分的小提琴课学费成了拳击课的学费,巴罗斯太太懊恼了一阵后,也只好听之任之。不久乔伊开始参加比赛,渐渐崭露头角。为了不让妈妈为他担心,乔伊悄悄把名字从"乔伊·巴罗斯"改成了"乔·路易斯"。

5 年以后,23 岁的乔已经成为重量级世界拳王。1938 年,他击败了德国拳手施姆林,当时德国在纳粹统治之下,因此乔的胜利意义更加重大,他成了反法西斯者心中的英雄。但巴罗斯太太一直不知道人们说的那个黑人英雄就是自己"不成器"的儿子。

漫漫人生,人在旅途,难免会遇到荆棘和坎坷,但风雨过后,一定会出现美丽的彩虹。任何时候都要抱乐观的心态,任何时候都不要丧失信心和希望。失败不是生活的全部,挫折只是人生的插曲。虽然机遇总是飘忽不定，但朋友，只要你坚持，只要你乐观，你就能永远拥有希望，走向幸福。

战胜自己的人，才配得上天的奖赏

虽然屡遭痛苦，但是能够百折不挠地挺住，这就是成功的秘密。所以，你一定要学会坚强。有了坚强，才有了面对一切痛苦和挫折的能力。

村里有一位妇女，因为乳腺癌，不得不去医院做了左乳切除手术。

伤口痊愈后，她下地走路时，奇怪地发现，自己的身体竟不自觉地向右边倾斜起来。她稍一愣怔后便明白了：也许是自己的乳房比较大且重的缘故，少了一只左乳后，身体也失去了原有的平衡。

让她更为苦恼的是，自己的胸前左边瘪塌塌的，右边鼓囊囊的，极不对称，以致穿起衣服来很是别扭和难看。

可是她又没钱买义乳。怎么办？她决定自己做一个。她"就地取材"地从家里搬出芝麻、蚕豆、玉米、小麦、绿豆等种子，依次分别往乳罩左边的罩口里装满一种种子，然后再缝合罩口，戴在身上测试一下身体的美观及平衡效果。最后，她选定了绿豆作为乳罩的填充物。

初戴上"绿豆乳罩"的她显得异常的兴奋与激动，对于自己的身体，她仿佛又找回了曾经的那份自信与美丽。后来，她无论是下地干活儿，还是串门赶集，时时刻刻地戴着那副"绿豆乳罩"。

一天晚上,她摘下乳罩准备睡觉时,惊讶地发现——乳罩里的那些绿豆竟发芽了!

那一夜,她基本上没合眼,想着怎样解决绿豆在自己的体温下会发芽的问题。第二天,她把那些绿豆炒熟了,然后再放进乳罩里……

可是她发现,问题又来了,她的身上始终有一种熟绿豆的香味挥之不去。只要她一出现在人群里,人家总会耸着鼻子作闻香状,然后好奇地问:谁兜里揣着熟绿豆?好香啊!快点拿出来让大家尝尝……弄得她很是尴尬,又不好讲出实情,但也怪不得人家,人家也是无意的啊。

后来,经过很多次试验,她在缝制"绿豆乳罩"的时候,终于找到了一个折中的良方,就是在炒绿豆的时候,要掌握好它的火候——仅把绿豆炒到七八成熟的样子,这样的绿豆放进乳罩里既不会发芽,也闻不到香味,刚刚好。

费尽思量,才解决了绿豆作为乳房替代物与自己身体兼容的难题,这位爱美的女人终于松了口气。

有一天,一家女性刊物的记者知道这事后,大老远地赶来采访这位村妇。采访临近尾声时,记者提出要给她拍几张照片。她一下子激动得满脸通红,因为在那个偏僻的村庄里,她很少有照相的机会,她习惯性地抻抻衣角、捋捋头发,然后站在一株从石缝里长出的芍药花旁,郑重而优雅地摆出了一个个美丽的姿势。望着镜头里那朵火红的花儿衬托着那张自信而美丽的笑脸,泪水

战胜自己的人，才配得上天的奖赏。

模糊了记者的视线……

后来,这位记者在她的文章中写道:

"我是怀着一种敬仰和感动的心情对她进行采访的,在为她的遭遇感到心酸的同时,又被她乐观而不屈的精神所鼓舞并深感欣慰。这样一个在贫困交加的境地里挣扎的女人,依然向往美丽,顽强地追求着美丽,她今后的生活一定会好起来的,就像她拥花而卧的那张美丽的照片。因为她的精神不败,我坚信,仅凭这一点,足以让她战胜人生中所有的厄运和苦难!"

人生是一场面对种种困难的"漫长战役"。早一些让自己懂得痛苦和困难是人生平常的"待遇",当挫折到来时,应该面对,而不是逃避,这样,你才能早一些坚强起来,成熟起来。以后的人生便会少一些悲哀气氛,多一些壮丽色彩。记住,只有顽强的人生才美丽、才精彩。

苏联作家奥斯特洛夫斯基在双眼失明的情况下,通过向人口授内容,完成了长篇小说《钢铁是怎样炼成的》;

美国女作家海伦·凯勒自幼双目失明,在沙莉文老师的教导下学会了盲文,长大后成长为一名社会活动家,积极到世界各地演讲,宣传助残,并完成了《假如给我三天光明》等多部著作;

当代著名女作家张海迪5岁因为意外事故造成高位截瘫,但仍坚持自学小学到大学课程,并精通多国语言;

……

虽然屡遭痛苦,却能够百折不挠地挺住,这就是成功的秘密。

所以，你一定要学会坚强。有了坚强，才有了面对一切痛苦和挫折的能力。

众所周知，王宝强是个在少林寺里拳来脚往生活了六年的孩子，因为克制不住内心梦想之火的燃烧，就决定出少林"闯荡江湖"了。他从少林寺伙房师傅的口中得知很多师兄弟都去了北京做武打替身，可以拍电影，还可以和很多大明星接触……被外面五彩缤纷的生活所吸引，也被心中的梦想所牵引，于是王宝强来到北京，开始了所谓的"北漂生活"。

实际上，我们可以想象得到，像王宝强这样没有什么学历和文凭的人，在"北漂"中注定是不能气定神闲的。他曾经自己回忆："那个时候住排房，屋子很小，夏天非常拥挤，五六个师兄弟挤在一个炕上。不过房租很便宜，一个月100块钱，每个人每月也就20块钱的租金。"可是，就算你空有一身好武功，也要有戏演才能维持生活。而实际上，只凭当替身的那点儿拳脚费，几乎无法维持生活。于是，那个时候的王宝强，几乎是"替身和民工"并存。

生活的艰难并没有动摇王宝强的信念，不管生活多难，他都咬紧牙关坚持着。接下去的两年里，他忽然和家里失去了联系。又一次访谈中，王宝强的哥哥说："他到了北京忽然和家里失去了联系，信也没有，电话也没有，差不多将近两年的时间，我妈妈想他都快得病了。他忽然有一天打电话回来，说自己得了大奖，开始我们都还不信呢……"

王宝强的确曾经和家里失去联系，他说："那个时候没有钱，就是没钱打电话。""而且也不想打，没混出来个人样，觉得没法跟家里交代，没脸和家里人说。"就在那样孤独、艰难的岁月里，王宝强一面做"武替"，一面做民工，才勉强维持了自己的生活。有时候"武替"一天有几十块钱，有时候就只有一顿盒饭，可是即便这样，王宝强也觉得挺好的，来了北京，能吃饱，还能长见识。

很多师兄都劝他："宝强，咱回去吧。你说咱们武功也一般，长得也不好，还没什么文化，哪有导演愿意要咱们这样的呀。不是每个人都有李连杰那样的好运气的。"可是，倔强的王宝强就是不肯认输，抱定了"再难也要坚持下去"的观点，坚决要留在北京打拼。记得蒲松龄曾经写过这样的落第自勉联："有志者，事竟成，破釜沉舟，百二秦关终属楚；苦心人，天不负，卧薪尝胆，三千越甲可吞吴。"不知道是不是因为他"愚公移山"的精神感动了上帝，好运终于飘然降临了。

李扬导演相中了他，电影《盲井》中的优秀表演让他一举成名，并荣获了当年金马奖最佳新人奖。随后，冯小刚导演找到了他，他和中国最优秀的几个一线大明星、众多影帝影后加盟《天下无贼》。那个憨厚的"傻根"让人们一下子记住了他的名字。王宝强的星途从此一帆风顺。

很多人认为王宝强之所以能越来越好，是因为他太幸运了。可是王宝强却说，我并不是幸运的一个，能够有今天的成绩，是因为我一直没有放弃，尽管日子很难过，但是我一直在认真过好每一天。

尽管在生活中，我们每个人都会遇到各种各样的磨难和考验，只有能够认真地过日子的人，才能在最后的关头突破自己，创造生活的奇迹。其实，生活中给予我们每个人的机会都是相同的，越是艰难的岁月，就越能提供给我们进步的空间。所以，不要总是抱怨日子不好过，只要我们坚持，认真的过好每一天，我们就能抓住希望。

把自己"逼"上巅峰

把自己"逼"上巅峰，首先要给自己一片没有后路的悬崖，这样才能发挥出自己最大的能力。力挽狂澜的秘密就在于此。

中国有句成语叫"背水一战"。它的意思是背靠江河作战，没有退路，我们常常用它来比喻决一死战。背水一战，其实就是把自己的后路斩断，以此将自己逼上"巅峰"。这个成语来源于《史记·淮阴侯列传》，这个典故对于处于苦境中的人来说，至今仍有着启示意义。

韩信是汉王刘邦手下的大将，为了打败项羽，夺取天下，他为刘邦定计，先攻取了关中，然后东渡黄河，打败并俘虏了背叛刘邦、听命于项羽的魏王豹，接着韩信开始往东攻打赵王歇。

在攻打赵王时，韩信的部队要通过一道极狭的山口，叫井陉口。赵王手下的谋士李左车主张一面堵住井陉口，一面派兵抄小路切断汉军的辎重粮草，这样韩信小数量的远征部队没有后援，就一定会败走。但大将陈余不听，仗着兵力优势，坚持要与汉军正面作战。韩信了解到这一情况，不免对战况有些担心，但他同时心生一计。他命令部队在离井陉30里的地方安营，到了半夜，让将士们吃些点心，告诉他们打了胜仗再吃饱饭。随后，他派出两千轻骑从小路隐蔽前进，要他们在赵军离开营地后迅速冲入赵军营地，换上汉军旗号；又派一万军队故意背靠河水排列阵势来引诱赵军。

到了天明，韩信率军发动进攻，双方展开激战。不一会儿，汉军假意败回水边阵地，赵军全部离开营地，前来追击。这时，韩信命令主力部队出击，背水结阵的士兵因为没有退路，也回身猛扑敌军。赵军无法取胜，正要回营，忽然营中已插遍了汉军旗帜，于是四散奔逃。汉军乘胜追击，以少胜多，打了一个大胜仗。

在庆祝胜利的时候，将领们问韩信："兵法上说，列阵可以背靠山，前面可以临水泽，现在您让我们背靠水排阵，还说打败赵军再饱饱地吃一顿，我们当时不相信，然而最后竟然取胜了，这是一种什么策略呢？"

韩信笑着说："这也是兵法上有的，只是你们没有注意到罢了。兵法上不是说'陷之死地而后生，置之亡地而后存'吗？如果是有退路的地方，士兵都逃散了，怎么能让他们拼死一搏呢！"

所以在生活中，当我们遇到困难与绝境时，我们也应该如兵法中所说那样"置之死地而后生"，要有背水一战的勇气与决心，这样才能发挥自己最大的能力，将自己逼上生命的巅峰。在这种情况下，往往事情会出现极大的转机。

给自己一片没有退路的悬崖，把自己"逼"上巅峰，从某种意义上说，是给自己一个向生命高地冲锋的机会。如果我们想改变自己的现状，改变自己的命运，那么首先应该改变自己的心态。只要有背水一战的勇气与决心，我们一定能突破重重障碍，走出绝境。

所以我们要保持这样的心态，在使自己处于不断积极进取的状态时，就能形成自信、自爱、坚强等品质，这些品质可以让你的能力源源涌出。你若是想改变自己的处境，那么就改变自己身心所处的状态，勇敢地向命运挑战。一旦你决心背水一战，拼死一搏，你便可以把你蕴藏的无限潜能充分发挥出来，让自己创造奇迹，做出令人瞩目的成绩，登上命运的巅峰。

从现在起，感谢折磨你的人吧

人不能总停留在原地，而是要努力向前。感谢折磨你的人，你将得到更迅捷的发展速度。

对于生活中的各种折磨，我们应时时心存感激。只有这样，我们才会常常有一种幸福的感觉，纷繁芜杂的世界才会变得鲜活、温馨和动人。一朵美丽的花，如果你不能以一种美好的心情去欣赏它，它在你的心中和眼里也就永远娇艳妩媚不起来，而如同你的心情一般灰暗和没有生机。只有心存感激，我们才会把折磨放在背后，珍视他人的爱心，才会享受生活的美好，才会发现世界原本有很多温情。心存感激，是一种人格的升华，是一种美好的人性。只有心存感激，我们才会热爱生活，珍惜生命，以平和的心态去努力地工作与学习，使自己成为一个有益于社会的人。心存感激，我们的生活就会洋溢着更多的欢笑和阳光，世界在我们眼里就会更加美丽动人。从今天开始，感谢折磨你的人吧！正如网上流传的一首诗写的那样：

当我们拿花送给别人时，
首先闻到花香的是我们自己。
当我们抓起泥巴想抛向别人时，
首先弄脏的是我们自己的手。
一句温暖的话，

就像往别人的身上洒香水,
自己也会沾到两三滴,
因此,要时时心存好意,
脚走好路、身行好事、惜缘种福。

很多的时候,
我们需要给自己的生命留下一点空隙,
就像两车之间的安全距离,
一点缓行的余地,
可以随时调整自己,进退有秩,
生活的空间,需要清理挪减而留出,
心灵的空间,则经思考领悟而拓展。

打桥牌时要把我们手中所握有的这副牌,
不论好坏,都要把它打到淋漓尽致。
人生亦然,重要的不是发生了什么事,
而是我们处理它的方法和态度。

假如我们转身面向阳光,就不可能身陷在阴影里。
光明使我们看见许多东西,
也使我们看不见许多东西,
假如没有黑夜,

我们便看不到天上闪亮的星辰。

因此，即便是曾经一度使我们难以承受的痛苦磨难，
也不会是完全没有价值，
它可以使我们的意志更坚定，
思想人格更成熟。

因此，当困难与挫折到来，
应平静面对，乐观地处理，
不要在人我是非中彼此摩擦。
有些话语称起来不重，
但稍有不慎，
便会重重地坠到别人心上，
同时，也要训练自己，
不要轻易被别人的话扎伤、变心。

你不能决定生命的长度，但你可以控制它的宽度；
你不能左右天气，但你可以改变心情；
你不能改变容貌，但你可以展现笑容；
你不能控制他人，但你可以掌握自己；
你不能预知明天，但你可以利用今天；

你不能样样胜利，但你可以事事尽力。

凡事感激，感激伤害你的人，因为他磨炼了你的心志；
感谢欺骗你的人，因为他增进了你的智慧；
感谢中伤你的人，因为他砥砺了你的人格；
感谢鞭打你的人，因为他激发了你的斗志；
感谢遗弃你的人，因为他教导你该独立；
感谢绊倒你的人，因为他强化了你的双腿；
感谢斥责你的人，因为他提醒了你的缺点；
凡事感谢，学会感谢，感谢一切使你成长的人！

PMA 黄金定律：能飞多高，由自己决定

PMA 黄金定律是积极心态的缩写——Positive Mental Attitude。它是成功学大师拿破仑·希尔数十年研究中最重要的发现，他认为造成人与人之间成功与失败的巨大反差，心态起了很大的作用。

积极的心态是人人可以学到的，无论他原来的处境、气质与智力怎样。

拿破仑·希尔还认为，我们每个人都佩戴着隐形护身符，护身符的一面刻着 PMA（积极的心态），一面刻着 NMA（消极的心态）。PMA 可以创造成功、快乐，使人到达辉煌的人生顶峰；而 NMA 则使人终生陷在悲观沮丧的谷底，即使爬到巅峰，也会被它拖下来。因为这个世界上没有任何人能够改变你，只有你能

改变你自己；没有任何人能够打败你，能打败你的也只有你自己。

很多人都认为自己的境况归于外界的因素，认为是环境决定了他们的人生位置，这些人常说他们的想法无法改变。但是，我们的境况不是周围环境造成的。说到底，如何看待人生，由我们自己决定。

只要人活在这个世界上，各种问题、矛盾和困难就不可能避免，拥有积极心态的人能以乐观进取的精神去积极应对，而被消极心态支配的人则悲观颓废，他们在逃避问题和困难的同时也逃避了人生的责任。

对于PMA的阐述，拿破仑·希尔是这样认为的：

1. 言行举止像希望成为的人

许多人总是要等到自己有了一种积极的感受再去付诸行动，这些人在本末倒置。心态是紧跟行动的，如果一个人从一种消极的心态开始，等待着感觉把自己带向行动，那他就永远成不了他想做的积极心态者。

2. 要心怀必胜、积极的想法

谁想收获成功的人生，谁就要当个好"农民"。我们绝不能播下几粒积极乐观的种子，然后指望不

劳而获，我们必须不断给这些种子浇水，给幼苗培土施肥。要是疏忽这些，消极心态的野草就会丛生，夺去土壤的养分，甚至让庄稼枯死。

3. 用美好的感觉、信心和目标去影响别人

随着你的行动与心态日渐积极，你就会慢慢获得一种美满人生的感觉，信心日增，人生中的目标感也越来越强烈。紧接着，别人会被你吸引，因为人们总是喜欢和积极乐观者在一起。

4. 使你遇到的每一个人都感到自己很重要、被需要

每一个人都有一种欲望，即感觉到自己的重要性，以及别人对他的需要与感激，这是普通人的自我意识的核心。如果你能满足别人心中的这一欲望，他们就会对自己，也对你抱有积极的态度，一种你好我好大家好的局面就形成了。

5. 心存感激

如果你常流泪，你就看不到星光，对人生、对大自然的一切美好的东西，我们要心存感激，人生就会显得美好许多。

6. 学会称赞别人

在人与人的交往中，适当地赞美对方，会增加和谐、温暖和美好的感情。你存在的价值也就会被肯定，使你得到一种成就感。

7. 学会微笑

面对一个微笑的人，你会感应到他的自信、友好，同时这种自信和友好也会感染你，使你的自信和友好也油然而生，使你和

对方亲近起来。

8. 到处寻找最佳新观念

有些人认为，只有天才才会有好主意。事实上，要找到好主意，靠的是态度，而不全是能力。

9. 放弃鸡毛蒜皮的小事

有积极心态的人不会把时间和精力花费在小事上，因为小事会使他们偏离主要目标和重要事项。

10. 培养一种奉献的精神

曾任通用面粉公司董事长的哈里·布利斯曾这样忠告属下的推销员："谁尽力帮助其他人活得更愉快、更潇洒，谁就达到了推销术的最高境界。"

11. 自信能做好想做的事

永远也不要消极地认定什么事情是不可能的，首先你要认为你能，再去尝试，不断尝试，最后你就会发现你确实能。

马尔比·D.马布科克说："最常见同时也是代价最高昂的一个错误，是认为成功有赖于某种天才、某种魔力、某些我们不具备的东西。"其实并非如此，成功的要素其实掌握在我们自己的手中。成功是运用PMA的结果。

一个人能飞多高，由他自己的心态所决定。

当然，有了PMA并不能保证事事成功，但积极地运用PMA可以改善我们的日常生活。在PMA的帮助下，我们能够给自己创造一个阳光的心灵空间，导引成功之路。

拒做呻吟的海鸥，勇做积极的海燕

相信，很多读者都对苏联著名作家高尔基所著的《海燕》一文有着深刻的印象：

在苍茫的大海上，狂风卷着乌云。在乌云和大海之间，海燕像黑色的闪电，在高傲地飞翔。一会儿翅膀碰着波浪，一会儿箭一般地直冲向乌云，它叫喊着——就在这鸟儿勇敢的叫喊声里，乌云听出了欢乐。海鸥在暴风雨来临之前呻吟着——呻吟着，它们在大海上飞窜，想把自己对暴风雨的恐惧，掩藏到大海深处。

海鸥还在呻吟着——它们这些海鸥啊，享受不了生活的战斗的欢乐，轰隆隆的雷声就把它们吓坏了。

蠢笨的企鹅，胆怯地把肥胖的身体躲藏在悬崖底下……

只有那高傲的海燕，勇敢地、自由自在地，在泛起白沫的大海上飞翔……

而人类，也有海燕、海鸥、企鹅等类型。有人在困境的打击下，像海燕一样无所畏惧，积极地奋起抗争；有的人在困境的打击下，只会独自呻吟，丧失了一切勇气；有的人在困境的打击下，蜷缩在角落里，不敢去面对外面的一切……面对困境，像海燕一样积极搏击，还是一味地"独自呻吟""蜷缩在角落里"，决定了你的人生境遇。

在19世纪50年代的美国，有一天，黑人家里的一个10岁的小女孩被母亲派到磨坊里向种植园主索要50美分。

园主放下自己的工作,看着那黑人小女孩敬而远之地站在那里,便问道:"你有什么事情吗?"黑人小女孩没有移动脚步,怯怯地回答说:"我妈妈说想要50美分。"

园主怒气冲冲地说:"我绝不给你!你快回家去吧,不然我用锁锁住你。"说完继续做自己的工作。

过了一会儿,他抬头看到黑人小女孩仍然站在那儿不走,便掀起一块桶板向她挥舞道:"如果你再不走开的话,我就用这桶板教训你。好吧,趁现在我还……"话未说完,那黑人小女孩突然像箭镞一样冲到他前面,毫不畏惧地扬起脸来,用尽全身气力向他大喊:"我妈妈需要50美分!"

慢慢地,园主将桶板放了下来,手伸向口袋里摸出50美分给了那个黑人小女孩。她一把抓过钱去,便像小鹿一样推门跑了。园主目瞪口呆地站在那儿回顾这奇怪的经历——一个黑人小女孩竟然毫无惧色地面对自己,并且镇住了自己,在这之前,整个种植园里的黑人们似乎连想都不敢想。

小女孩的勇敢让她最终得到了她妈妈需要的50美分。如果她也像海鸥一样,面对困难只会呻吟,那么她也会跟其他的黑人那样,不敢忤逆园主的,当然更不可能说提要钱的事了。所以不管遇到什么困难,我们都要做积极勇敢的海燕,不做呻吟的海鸥。

第 4 章

没有翅膀，
所以努力奔跑

你只需努力，剩下的交给时光

没有人注定不幸，你绝对不比其他人更不幸。不要因为没有鞋子而哭泣，看看那些没有脚的人吧！绝对不要把自己想象成最不幸的人，否则，你就真正成了最不幸的人。

据说，世界上只有两种动物能达到金字塔顶：一种是老鹰，还有一种就是蜗牛。

老鹰和蜗牛，它们是如此的不同：鹰矫健凶狠，蜗牛弱小迟钝。鹰性情残忍，捕食猎物甚至吃掉同类从不迟疑。蜗牛善良，从不伤害任何生命。鹰有一对飞翔的翅膀，而蜗牛背着一个厚重的壳。它们从出生就注定了一个在天空翱翔，一个在地上爬行，是完全不同的动物，唯一相同的是它们都能到达金字塔顶。

鹰能到达金字塔顶，归功于它有一双善飞的翅膀。也因为这双翅膀，鹰成为最凶猛、生命力最强的动物之一。与鹰不同，蜗牛能到达金字塔顶，主观上是靠它永不停息的执着精神。虽然爬行极其缓慢，但是每天坚持不懈，蜗牛总能登上金字塔顶。

我们中间的大多数人都是蜗牛，只有一小部分能拥有优秀的先天条件，成为鹰。但是先天的不足，并不能成为自暴自弃的理由。

因为，没有人注定命中不幸。要知道，在攀登的过程中，蜗牛的壳和鹰的翅膀，起的是同样的作用。可惜，生活中，大多数人只羡慕鹰的翅膀，很少在意蜗牛的壳。所以，我们处于社会下层时，无须心情浮躁，更不应该抱怨颓废，而应该静下心来，学习蜗牛，每天进步一点点，总有一天，你也能登上成功的"金字塔"。

高尔基早年生活十分艰难，3岁丧父，母亲早早改嫁。在外祖父家，他遭受了很大的折磨。外祖父是一个贪婪、残暴的老头儿。他把对女婿的仇恨统统发泄到高尔基身上，动不动就责骂毒打他。更可恶的是，他那两个舅舅经常变着法儿侮辱这个幼小的外甥，使高尔基在心灵上受到了创伤。只有慈爱的外祖母是高尔基唯一的保护人，她真诚地爱着这个可怜的小外孙，每当他遭到毒打时，外祖母总是搂着他一起流泪。

高尔基在《童年》中叙述了他苦难的童年生活。在19岁那年，高尔基突然得到一个消息：他最为慈爱的、唯一的亲人外祖母，在乞讨时跌断了双腿，因无钱医治，伤口长满了蛆虫，最后惨死在荒郊野外。

外祖母是高尔基在人世间唯一的安慰。这位老人劳苦一辈子，受尽了屈辱和不幸，最后竟这样惨死。这个噩耗几乎使高尔基一度陷入颓废。他不由得放声痛哭，几天茶饭不进。每当夜晚，他独自坐在教堂的广场上呜咽流泪，为不幸的外祖母祈祷。1887年12月12日，高尔基觉得活在人间已没有什么意义。这个悲伤到极点的青年，从市场上买了一支旧手枪，对着自己的胸膛开了一枪。但是，他还是被医生救活了。后来，他终于战胜了各种各样的灾难，成为世界著名的大文豪。

你要明白，没有人命定不幸。你的困难、挫折、失败，其他人同样可能遇到，而其他人遇到的更大的困难、挫折、失败，你却没有遇到，你绝对不比其他人更不幸。不要因为没有鞋子而哭泣，看看那些没有脚的人吧！绝对不要把自己想象成最不幸的，否则，那你真正成了最不幸的人。要知道，没有什么困难能够打垮你，唯一能够打垮你的就是你自己，那就是你把自己看作最不幸的。

许多人常常把自己看作最不幸的、最苦的，实际上许多人比你的苦难还要大，还要苦，大小苦难都是生活所必须经历的。苦难再大也不能丧失生活的信心和勇气。与许多伟大的人物所遭受的苦难相比，我们个人所遭到的困难又算得了什么。名人之所以成为名人，大都是由于他们在人生的道路上能够承受住一般人所无法承受的种种磨难。他们面对事业上的不顺、情场上的失意、身体上的疾病、家庭生活中的困苦与不幸，以及各种心怀恶意的小人的诽谤与陷害，没有沮丧，没有退缩，而是咬紧牙关，擦净那饱受创伤的心所流出的殷红的鲜血和悲愤的泪水，奋力抗争，不懈地拼搏，用自己惊人的毅力和不屈的奋斗精神，为人类的文明和社会的进步做出了卓越的贡献，从而成为风靡世界的名人。

人生需要的不是抱怨、自怜，而是扎扎实实、艰苦地奋斗。人是为幸福而活着的，为了幸福，苦难是完全可以接受的。

人生的苦难与幸福是分不开的。人类的幸福是人类通过长期不懈的努力而逐步得到的，这其中要经历各种苦难，这正像人们常讲的，幸福是由血汗造就的。有些人太单纯、太简单了，他们只要幸福而不要苦难。切记，拒绝苦难的人，就不可能拥有幸福。

把工作当作幸福和快乐的源泉

你要是在生活中找不到快乐，就绝不可能在任何地方找到它。寻找生活中的乐趣，可以将你的心思从忧虑上移开，让你的生活变得更加简单和舒适，甚至可以给你带来意外的惊喜。即使不这样，也可以把疲劳减至最少，并帮你享受自己的闲暇时光。

有位英国记者到南美的一个部落采访。这天是个集市日，当地土著人都拿着自己的物产到集市上交易。这位英国记者看见一个老太太在卖柠檬，5美分一个。

老太太的生意显然并不好，一上午也没卖出去几个。这位记者动了恻隐之心，打算把老太太的柠檬全部买下来，以便使她能"高高兴兴地早些回家"。

当他把自己的想法告诉老太太的时候，她的话却使记者大吃一惊："都卖给你？那我下午卖什么？"

人生最大的价值，就是体会生活的乐趣。爱迪生说："在我的一生中，从未感觉是在工作，一切都是对我的安慰……"然而，在职场中，像卖柠檬的老太太那样，对自己所从事的事业充满热情的人并不是太多，他们看不到生活的乐趣，只看到了生活中痛苦的一面。早上一醒来，头脑里想的第一件事就是：痛苦的一天又开始了……磨磨蹭蹭地挪到公司以后，无精打采地开始一天的工作，好不容易熬到下班，立刻又高兴起来，和朋友诉说自己的工作有多乏味，有多无聊。如此周而复始，心情又怎会好起来呢？

工作是一个人幸福和快乐的源泉。卡尔文·库基说过："真正的快乐不是无忧无虑，不只是享受。这样的快乐是短暂的，缺少一份充满魅力的工作，你就无法领略到真正的快乐和幸福。"然而，现实中能领略到工作中的幸福和快乐的人却寥寥无几。

工作是一个人价值的体现，应该是一种幸福的差事，我们有什么理由把它当作苦役呢？有些人抱怨工作本身太枯燥，然而，问题往往不是出在工作上，而是出在我们自己身上。如果你能够积极地对待自己的工作,并努力从工作中发掘出自身的价值,你就会像上文中的老太太一样,发现工作是一件非做不可的乐事,而不是一种惹人烦恼的苦役。

有本叫作《栽种希望,培育幸福的人》的书,书中有个法国人,他独自生活在法国东南部一块荒凉的土地上。他的生活很简单:每天都出去种树。

一年又一年,他不辞辛劳,就这样一粒粒地播种、栽树。

树开始渐渐长成森林,保存住了土壤里的水分,于是其他的植物也能够生长了,鸟儿们可以在这里筑巢了,小溪可以流淌了,这里又成了适合人类居住的绿洲。

临终前,他用自己的辛勤劳作,完全改变和恢复了他生活的地区的自然环境。原来逃离那里的人,又重新搬了回来,幸福地生活在这片土地上。

这是一个关于工作的意义和快乐的故事:每天努力工作,为自己也为他人栽种希望,培育幸福。我们从事的工作可能简单而普通,但可以为我们带来无尽的快乐和价值感。

曾经在美国费城的大楼上立起第一根避雷针、有着"第二个普罗米修斯"之称的富兰克林,说过这样一句话:"我读书多,骑马少,做别人的事多,做自己的事少。幸福的时刻终将来临,到那时我但愿听到这样的话'他活着对大家有益',而不是'他死时很富有'。"

当你竭尽全力,上帝自会主持公道

不论你的出身如何,不论别人是否看得起你,首先你就要自己看得起自己。只有相信自己的价值,才能保持奋发向上的劲头。要知道,上帝没有偏见,从不会轻看卑微,你所做的一切他都看在眼里。

人类有一样东西是不能选择的,那就是每个人的出身。在现实生活中,我们常常遇到这样一群人,他们以自己穷困的出身来判定自己未来的生活道路,他们因自己角色的卑微而用微弱的声音与世界对话,他们总是因暂时的生活窘迫而放弃了儿时的绮丽梦想,他们还因为自己的其貌不扬而低下了充满智慧的头颅。

难道一个人出身卑微注定就会永远卑微下去吗？难道命运不是掌握在自己手中吗？实际上，即便一个人的身份卑微，上帝也不会轻看他，上帝偏爱的不是身份高贵的人，而是努力奋斗的人！所以，如果你出身卑微，那么努力奋斗吧，上帝一定会垂青你！

韩国贫民总统卢武铉1946年出生于韩国金海市郊的一个小村庄。卢武铉的父母都是农民，靠种植庄稼和桃子为生。他的故乡十分偏远贫穷，连村里人都说"即使乌鸦飞来这里，也会因没有食物而哭着飞回去"。

卢武铉曾经说过："在韩国政坛，如果你没有钱，或者没有势力，很难当上总统候选人，更别提获胜了，然而我，这两样都没有。"有人说，卢武铉的政治经历与美国前总统林肯十分相似，对此，卢武铉也有同感。林肯是美国200多年历史上为数不多的贫民总统，他上任伊始就遇到美国南北冲突；而韩国的这位贫民总统卢武铉，则遇上了朝鲜核危机。

1968年，卢武铉进入韩国陆军服兵役，34个月后退役返乡。卢武铉知道自己学识不够，也知道家中没有钱供他读书，于是他开始自学法律。勤奋刻苦的他于1975年4月通过韩国第17届司法考试，由此开始了自己的律师生涯。

在卢武铉的律师生涯中，他始终为社会的公正而奋斗。1981年，卢武铉勇敢地站出来，为12名被政府指控为"私藏禁书"的大学生辩护。因为此事，卢武铉有了些名气，被一些媒体称为

"人权律师"。6年后,卢武铉又因支持"非法罢工"而遭逮捕,并且被剥夺了6个月的律师权。但牢狱之苦激起了卢武铉通过从政实现自己政治抱负的信念。

1988年,卢武铉步入政坛,当选为国会议员。自1992年起,卢武铉3次放弃了自己在汉城的优势选区,赴釜山进行议员和市长的竞选,结果接连3次饮恨釜山。一批选民被卢武铉的精神感动,自发成立了一个叫"爱卢会"的组织。该组织在民间迅速扩展,以至韩国上下掀起了一股支持卢武铉的热潮,被舆论称为"卢旋风"。凭借这股"卢旋风",卢武铉顺利当选了议员和市长,之后又登上了总统宝座。

所以,一个人不能选择自己的出身,但可以选择自己的道路。只要踏上正确的人生之路,并能义无反顾地勇往直前,就一定能创建一番辉煌的业绩。

多年前的一个傍晚,一位叫皮埃尔的青年移民,站在河边发呆,这天是他30岁生日,但他不知道自己是否还有活下去的必要。

因为皮埃尔从小在福利院里长大,长相丑陋,身材也非常矮小,讲话又带着浓厚的法国乡下口音,因此他一直很瞧不起自己,认为自己是一个既丑又笨的乡巴佬儿,连最普通的工作都不敢去应聘,他没有家,也没有工作。

就在皮埃尔徘徊于生死之间的时候,与他一起在福利院长大的好朋友亨利兴冲冲地跑过来对他说:"皮埃尔,告诉你一个好消息！"

皮埃尔一脸悲戚地说："好消息从来就不属于我。"

"你听我说，我刚刚从收音机里听到一则消息，拿破仑曾经丢失了一个孙子。播音员描述的相貌特征，与你丝毫不差！"

"真的吗，我竟然是拿破仑的孙子？"皮埃尔一下子精神大振。想到自己的爷爷曾经以矮小的身材指挥着千军万马，用带着科西嘉口音的法语发出威严的军令，他顿时感到自己矮小的身材同样充满力量，讲话时的法国口音也带着几分威严和高贵。

第二天一大早，皮埃尔便满怀自信地来到一家大公司应聘。结果，他竟然一应即被聘。

10年后,已成为这家大公司总裁的皮埃尔,查证了自己并非拿破仑的孙子,但这早已不重要了。

所以,每一个人都应该相信上帝是公平的,只是有时上帝会和人类开个小小的玩笑,会把那些聪慧的宠儿放在卑微贫困的人群中间,就像我们常把贵重的物品藏在家中最不起眼儿的地方一样,如此让他们远离金钱和权势,让他们从一出生就在黑暗的穴洞中徘徊,看不到光明,以此来作为对他们的考验。

上帝一定会青睐那些从黑暗中走出来的人——他们有着坚强的生存意识、果敢的斗志、不屈的傲骨和出众的天赋。他们必将会在某个有价值的领域脱颖而出。请相信命运的公正吧!一个人只要知道自己将到哪里去,那么全世界都会给他让路。

把"我不可能"彻底埋葬

在自然界中,有一种十分有趣的动物,叫作大黄蜂。曾经有许多生物学家、物理学家、社会行为学家联合起来研究这种生物。根据生物学的观点,所有会飞的动物,必然是体态轻盈、翅膀十分宽大的,而大黄蜂这种生物的状况,却正好跟这个理论反其道而行之。大黄蜂的身躯十分笨重,而翅膀却出奇短小,依照生物学的理论来说,大黄蜂是绝对飞不起来的;而物理学家的论调则是,大黄蜂的身体与翅膀的比例,根据流体力学的观点,同样是绝对没有飞行的可能。简单地说,大黄蜂这种生物,是根本不可能飞得起来的。

可是，在大自然中，只要是正常的大黄蜂，却没有一只是不能飞行的，甚至于它飞行的速度，并不比其他飞行动物慢。这种现象，仿佛是大自然和科学家们开了一个很大的玩笑。最后，社会行为学家找到了这个问题的答案。很简单，那就是——大黄蜂根本不懂"生物学"与"流体力学"。每一只大黄蜂在它成熟之后，就很清楚地知道，它一定要飞起来去觅食，否则必定会活活饿死！这正是大黄蜂之所以能够飞得那么好的奥秘。

由此可见，这世上没有绝对的"不可能"，只要敢于拼搏，一切皆有可能。

谈到"不可能"这个词，我们来看一看著名成功学大师卡耐基年轻时用的一个奇特的方法。

卡耐基年轻的时候想成为一名作家。要达到这个目的，他知道自己必须精于遣词造句，字典将是他的工具。但由于家里穷，接受的教育并不完整，因此"善意的朋友"就告诉他，说他的雄心是"不可能"实现的。

后来，卡耐基存钱买了一本最好的、最完全的、最漂亮的字典，他所需要的字都在这本字典里，而他对自己的要求是要完全了解和掌握这些字。他做了一件奇特的事，他找到"impossible（不可能）"这个词，用小剪刀把它剪下来，然后丢掉。于是他有了一本没有"不可能"的字典。以后他把整个事业建立在这个前提上，那就是对一个要成长，而且超过别人的人来说，没有任何事情是不可能的。

当然，并不是建议你从你的字典中把"不可能"这个字剪掉，而是建议你要从你的脑海中把这个观念铲除掉。谈话中不提它，想法中排除它，态度中去掉它、抛弃它，不再为它提供理由，不再为它寻找借口。把这个字和这个观念永远地抛开，而用光明灿烂的"可能"来代替它。

翻一翻你的人生词典，里面还有"不可能"吗？可能很多时候，在我们鼓起雄心壮志准备大干一场时，有人好心地告诉我们："算了吧，你想的未免也太天真、太不可思议了，那是不可能的事情。"接着我们也开始怀疑自己："我的想法是不是太不符合实际了，那是根本不可能达到的目标。"

假如回到500年前，如果有人对你说，你坐上一个银灰色的东西就可以飞上天；你拿出一个黑色的小盒子就能够跟远在千里之外的朋友说话；打开一个"方柜子"就能看到世界各地发生的事情……你也同样会告诉他"不可能"。但是，今天飞机、手机、电视甚至宇宙飞船都已变成现实了。正如那句老话所说的："没有做不到，只有想不到。"奇迹在任何时候都可能发生。

纵观历史上成就伟业的人，往往并非那些幸运之神的宠儿，而是那些将"不可能"和"我做不到"这样的字眼从他们的字典以及脑海中连根拔去的人。富尔顿仅有一只简单的桨轮，但他发明了蒸汽轮船；在一家药店的阁楼上，迈克尔·法拉第只有一堆破烂的瓶瓶罐罐，但他发现了电磁感应；在美国南方的一个地下室中，惠特尼只有几件工具，但他发明了锯齿轧花机；豪·伊莱亚斯只有简陋的针与梭，但他发明了缝纫机；贫穷的贝尔教授用最简单的仪器进行实验，但他发明了电话。

美国著名钢铁大王安德鲁·卡内基在描述他心目中的优秀员工时说："我们所急需的人才，不是那些有着多么高贵的血统或者多么高学历的人，而是那些有着钢铁般的坚定意志，勇于向工作中的'不可能'挑战的人。"

这是多么掷地有声、发人深省的一句话啊！

每一位在生活中，在职场上拼搏并希望获得成功的人，都应该把这句话铭刻在自己的记忆深处！敢于向"不可能"发出挑战，一切皆有可能！

青春的使命不是"竞争"，而是"成长"

生活中很多东西是难以把握的，但是成长是可以把握的。也许我们再努力也成为不了刘翔，但我们仍然能享受奔跑。可能会有人妨碍你的成功，却没人能阻止你的成长。换句话说，这一辈子你可以不成功，但是不能不成长。

人生旅途中，似乎不总是那么一帆风顺、如愿如期，总有一些或多或少的困难与挫折，家家有本难念的经嘛！既然上天给了我们一次锻炼与考验的机会，那我们又何必那么吝啬，畏首畏尾，退避三舍呢？与其在那儿蜷缩手脚、闷闷不乐，倒不如在逆境中顽强拼搏，急流勇退。或许我们能改变现状，毕竟是"山重水复疑无路，柳暗花明又一村"，天无绝人之路。当老天为你关闭这扇窗，必定也为你打开了另一扇窗，只是你缺少睿智的眼睛。

一位父亲很为他的孩子苦恼。因为他的儿子已经十五六岁了，可是一点儿男子气概都没有。于是，父亲去拜访一位禅师，请他训练自己的孩子。

禅师说："你把孩子留在我这边，3个月以后，我一定可以把他训练成真正的男人。不过，这3个月里面，你不可以来看他。"父亲同意了。

3个月后，父亲来接孩子。禅师安排孩子和一个空手道教练进行一场比赛，以展示这3个月的训练成果。

教练一出手，孩子便应声倒地。他站起来继续迎接挑战，但马上又被打倒，他就又站起来……就这样来来回回一共16次。

禅师问父亲："你觉得你孩子的表现够不够男子气概？"

父亲说："我简直羞愧死了！想不到我送他来这里受训3个月，看到的结果是他这么不经打，被人一打就倒。"

禅师说："我很遗憾你只看到表面的胜负。你有没有看到你儿子那种倒下去立刻又站起来的勇气和毅力呢？这才是真正的男子气概啊！"

不断地倒下，再不断地爬起，正是在这种磕磕碰碰中我们成长了。故事中男子汉的气概并不是表现在我们跌倒的次数比别人少，而是在于，每次跌倒后，我们都有爬起来再次面对困难的勇气和不达目的誓不罢休的毅力。

每个人都在成长，这种成长是一个不断发展的动态过程。也许你在某种场合和时期达到了一种平衡,而平衡是短暂的,可能瞬间即逝,不断被打破。成长是无止境的,生活中很多东西是难以把握的,但是成长是可以把握的,这是对自己的承诺。可能会有人妨碍你的成功,却没人能阻止你的成长。换句话说,这一辈子你可以不成功,但是不能不成长。

抑郁症、躁郁症正威胁着现代人,仍有许多人无法坦然面对。但有谁想得到,曾两度夺得香港电影金像奖最佳导演的尔冬升原来也曾受抑郁症的折磨。不过,他就是从那时开始才学会成长,从而一步步走向成熟,拍出了《旺角黑夜》这样成功的电影。

面对激烈的竞争、种种挑战和痛苦,我们唯一能做的就是迅速充实自己,并且成长起来,只有这样,才不会被困难和挑战击倒。

在逆境中学会成长,姑且看成上天对我们"特别"的关怀,对我们的怜悯与施舍,我们也应做出成绩,做出榜样。在逆境中提升人格的力量,磨砺性格的力量,增强信念的力量,最后交织融合,升华自己生命的力量。

逆境不但不会把人打倒与压垮,反而能让人的潜能最大限度地迸发出来,创造出乎预料的奇迹。"文王拘而演《周易》;仲尼厄而作《春秋》;屈原放逐,乃赋《离骚》;左丘失明,厥有《国语》;孙子膑脚,兵法修列;不韦迁蜀,世传《吕览》;韩非囚秦,《说难》《孤愤》;《诗》三百篇,大抵圣贤发愤之所作也。"张海迪、霍金……他们都是在困难挫折面前,顽强奋发,自力更生,最终战胜磨难，实现了个人的价值。是啊！不经历风雨怎能见彩虹，"不经一番寒彻骨，哪得梅花扑鼻香"。逆境在某种程度上能造就我们的成功。

允许自己犯错，学会在逆境中成长，我们的羽翼会更加丰满，便能飞向天涯海角；我们的心胸会更加宽广，便能容纳百川，吸吮万千；我们的双臂会更加结实与厚重，便能承载千山万水、艰浪险滩。

真正的强者，不是没有眼泪的人，而是含着眼泪奔跑的人

人生常常浸泡在痛与苦中。一次次心痛，一道道伤痕，一遍遍泪水，洗不去人生的尘埃，抹杀不了命运中的艰辛。何必跟自己过不去，放平自己的心，搁浅自己的梦，把希望打折，把生命烘干，学会在艰难的日子里苦中寻乐！

托尔斯泰在他的散文名篇《我的忏悔》中曾经讲了这样一个寓言故事：

一个男人被一只老虎追赶而掉下悬崖，庆幸的是他在跌落的过程中抓住了一棵生长在悬崖边的小灌木。

此时，他才发现，头顶上，那只老虎正虎视眈眈，低头一看，悬崖底下还有一只老虎，更糟的是，两只老鼠正忙着啃咬悬着他生命的小灌木的根须。

绝望中，他突然发现附近生长着一簇野草莓，伸手可及。于是，他拽下野草莓，塞进嘴里，自语道："多甜啊！"

生命进程中，当痛苦、绝望、不幸和畏难向你逼近的时候，你是否也能顾及享受一下野草莓的味道？人生一世，能够快快乐乐开开心心过一生，相信这是每个人心中的一个梦。

然而，尼采却说："人生就是一场苦难。"的确，谁都无法让我们"心想事成，无忧无虑"地过一辈子，唯有"把黄连当哨吹——苦中作乐"，才能战胜忧愁，享受快乐。

戴维是饭店经理，他的心情总是很好。当有人问他近况如何时，他回答："我快乐无比。"

如果哪位同事心情不好，他就会告诉对方怎么去看事物好的一面。他说："每天早上，我一醒来就对自己说，戴维，你今天有两种选择，你可以选择心情愉快，也可以选择心情不好，我选择心情愉快。每次有坏事发生，我可以选择成为一个受害者，也可以先去面对各种处境。归根结底，你自己选择如何面对人生。"

有一天，戴维被三个持枪的歹徒拦住了。歹徒朝他开枪。

幸运的是发现较早，戴维被送进急诊室。经过18个小时的抢救和几个星期的精心治疗，戴维出院了，只是仍有小部分弹片留在他体内。

6个月后，戴维的一位朋友见到他。朋友问他近况如何，他说："我快乐无比。想不想看看我的伤疤？"朋友看了伤疤，然后问他当时想了些什么。戴维答道："当我躺在地上时，我对自己说有两个选择：一是死，一是活。我选择活。医护人员都很好，他们告诉我，我会死的。但在他们把我推进急诊室后，我从他们的眼神中读到了'他是个死人'。我知道我需要采取一些行动。""那么，你采取了什么行动？"朋友问。

戴维说："有个护士大声问我对什么东西过敏。我马上答道：'有的。'这时所有的医生、护士都停下来等我说下去。我深深吸了一口气，然后大声吼道：'子弹！'在一片大笑声中，我又说道：'请把我当活人来医，而不是死人。'"戴维就这样活下来了。

英国作家萨克雷有句名言："生活是一面镜子，你对它笑，它就对你笑；你对它哭，它也对你哭。"如果你把自己看成弱者、

失败者,你将郁郁寡欢;如果你将自己看成强者,你将快乐无比。你可以快乐,只要你希望自己快乐。

古人讲:"不知生,焉知死?"不知苦痛,怎能体会到快乐?痛苦就像一枚青青的橄榄,品尝后才知其甘甜。品尝橄榄容易,品尝生活中的痛苦,这需要勇气!

再大的风浪我们也要远航

如果你拥有一颗积极向上、勇于攀登的心,就能够在逆境中找到快乐。即使再大的风浪,我们也能扬帆远航。

17世纪法国启蒙哲学家卢梭曾经说过:"一个真正了解幸福的人,无论什么样的打击都无法使他潦倒。"美国小说家马克·吐温也曾说过说:"人生在世,必须善处逆境,万不可浪费时间,做无益的烦恼,最好还是平心静气地去办事,想出补救的办法来。辛勤的蜜蜂,永远没有时间悲哀。杰出的人们,会在逆境中磨砺意志,卧薪尝胆,厉兵秣马,展现非凡的人生风采。"

在现实生活中,假如你没有被逆境所吓倒,反而以乐观的态度,把它们想象成理所当然的,那么,你就极有可能把逆境变成了顺境的前奏。

为了不断地感到幸福,甚至在苦恼和愁闷的时候也感到幸福,那就需要:善于满足现状,很高兴地感到:"事情原来可能更糟。"要做到这点其实并不难。

而在困境中,除了乐观之外,我们还须得有征服困难的坚强意志。没有这种意志的人们常常浸泡在痛苦中。一道道伤痕，一次次心痛，一遍遍泪水，让他们自怨自怜悲叹不已，丧失了做人的斗志。

幸福来源于我们自己，不幸是命运强加给我们的。战胜命运，就是我们的幸福，没有战胜命运，就是我们的不幸。许多逆境通常是好的开始。有人在逆境中成长，也有人在逆境中跌倒，这其中的差别，就在于我们如何看待？硬是在地上赖着，爬不起来的人，注定只能继续哭泣，而能立刻站起来的人却能成就更好的自己。幸福是甘美的，如同一杯美酒，越陈越醉人，也越容易被人喝干。

而且，逆境会让人变得更深刻，顺境却容易让人变得浅薄。霍兰德说："在黑暗的土地上生长着最娇艳的花朵，那些最伟岸挺拔的树林总是在最陡峭的岩石中扎根，昂首向天。"人生中，并不是每一次不幸都是灾难，早年的逆境通常是一种幸运。与困难做斗争不仅磨炼了我们的意志，而且也为日后更为激烈的竞争准备了丰富的经验。

有的时候，顺境会变成一个陷阱，因为身处顺境的人很容易为眼前的景致所迷惑而失去危机意识，历史上人生一帆风顺而最后身遭其祸的人举不胜举，在这里，成功反而成为失败之母。

无论多大的苦难，多大的风浪，也无法磨掉我们的斗志，更无法抹杀我们与命运搏斗做出的努力。只有在逆境中我们才能真正了解快乐与幸福是什么！只有在逆境中我们才能真正正视自我！只有在逆境中我们才能真正获得快乐与幸福！一个热爱生活的人，必定善于面对生活中的逆境。或许，对于那些经历了许多风风雨雨的人来说，可以深刻体味出其中的滋味——在风浪中起航，更能体验到快乐！

你需要奔跑的最重要理由，就是为了自己的幸福

有些人打牌，总想着等到合适的时候再出好牌，但却发现与事实屡屡不符，等到别人都出完手中的牌了，才发现自己的好牌都攥在手里，没派上用场。

一位成功人士这样评价行动和知识：行动才是力量，知识只是潜在的能量；不积极行动，知识将毫无用处。要克服任何障碍，都离不开行动，也只有行动才能够让梦想照进现实。

从前，有两个朋友，相伴一起去遥远的地方寻找人生的幸福和快乐，一路上风餐露宿，在即将到达目标的时候，遇到了一条风急浪高的大河，而河的彼岸就是幸福和快乐的天堂。

关于如何渡过这条河，两个人产生了不同的意见，一个建议采伐附近的树木造成一条木船渡过河去，另一个则认为无论哪种办法都不可能渡得了这条河，与其自寻烦恼和死路，不如等这条河流干了，再轻轻松松地过去。

于是，建议造船的人每天砍伐树木，辛苦而积极地制造船只，并顺带着学会游泳，而另一个则每天躺下休息睡觉，然后到河边观察河水流干了没有。直到有一天，已经造好船的朋友准备扬帆

的时候，另一个朋友还在讥笑他的愚蠢。

不过，造船的朋友并不生气，临走前只对他的朋友说了一句话："去做一件事不一定都成功，但不去做则一定没有机会成功！"

能想到等到河水流干了再过河，这确实是一个"伟大"的创意，可惜的是，这仅仅是个注定永远失败的"伟大"创意而已。

这条大河终究没有干枯掉，而那位造船的朋友经过一番风浪也最终到达了彼岸。

只有行动才会产生结果，行动是成功的保证。任何伟大的目标、伟大的计划，最终必然要落实到行动上。不肯行动的人只是在做白日梦，这种人不是懒汉就是懦夫，他们终将一事无成。

古希腊格言讲得好："要种树，最好的时间是 10 年前，其次是现在。"同样，要成为赢家，最好的时间是 3 年前，其次是现在。

要成为人生牌局的赢家，就应该尽早地迈出自己的第一步。

20 世纪 70 年代的一天，史蒂芬·乔布斯和史蒂芬·沃兹尼亚克卖掉了一辆破旧的大众牌汽车，得到了 1500 美元。对于史蒂芬·乔布斯和史蒂芬·沃兹尼亚克这两个正准备开一家公司的人来说，这点钱甚至无法支付办公室的租金，而且他们所要面对的竞争对手是国际商业机器公司 (IBM)——一个财大气粗的巨无霸。

租不起办公室，他们就在一个车库里安营扎寨。然而正是在这样一个条件极差的车库里，苹果电脑诞生了，一个电脑业的巨子迈出了第一步。

而惠普电脑的诞生与苹果电脑的诞生如出一辙。1938 年，两位斯坦福大学的毕业生惠尔特和普克德，在寻找工作的过程中他们尝尽了求助他人谋生的艰辛，同时他们还看到了许多人因为找不到工作而陷入困境的惨状，于是他们决定摆脱受雇于人的想法，合伙开创自己的事业。

两个一无所有的穷光蛋，总共才凑了 538 美元，他们有的只是想法和决心。但是，他们并没有停止或等待，在加州的一间车库里，他们办起了一家公司——惠普公司。经过艰苦创业，惠普公司现在是全球最重要的电子元器件、配套设备供应商之一，总资产达 300 多亿美元。

可能每个人都会有很多的想法，有不少的想法甚至可以说是绝妙的。但是假若这些想法不去付诸实践，那它们永远也只是空想而已。不论你自己想得有多美，重要的是去做！没有人会嘲笑一个学步的婴儿，尽管他的步子趔趄、姿势难看，有时还会摔倒。

我们之所以难以将想法付诸实践，是因为当我们每一次准备搏一搏时，总有一些意外事件使我们停止，例如资金不够、经济不景气、对目前工作的一时留恋等种种限制以及许许多多数不完的借口，这些都成为我们拖拖拉拉的理由。我们总是想等着一切都十全十美的时候再行动，但事实总会和愿望不太相符，于是我们的计划不会有开始动手的那一天，只是变成了空想。

面对人生的众多机遇，我们看见了，也心动了，但是自己却没有付诸行动，眼看着机会从自己的身边溜走，到头来只能恨自己没有胆量。

安妮是一个可爱的小姑娘，可她有一个坏习惯，那就是她每做一件事，总爱让计划停留在口头上，而不是马上行动。

和安妮住在同一个村子里的詹姆森先生有一家水果店，里面出售本地产的草莓之类的水果。一天，詹姆森先生对安妮说："你想挣点儿钱吗？"

"当然想。"她回答，"我一直想买一双新鞋，可家里买不起。"

"好的，安妮。"詹姆森先生说，"隔壁卡尔森太太家的牧场里有很多长势很好的黑草莓，他们允许所有人去摘。你摘了以后把它们都卖给我，1升我给你13美分。"

安妮听到可以挣钱，非常高兴。于是她迅速跑回家，拿上一个篮子，准备马上就去摘草莓。但这时她不由自主地想到，要先算一下采5升草莓可以挣多少钱。于是她拿出一支笔和一块小木板计算起来，计算的结果是65美分。

"要是能采12升呢？那我又能赚多少呢？"

"上帝呀！"她得出答案，"我能得到1美元56美分呢！"

安妮接着算下去，要是她采了50、100、200升詹姆森先生会给她多少钱。算来算去，已经到了中午吃饭的时间，她只得下午再去采草莓了。

安妮吃过午饭后，急急忙忙地拿起篮子向牧场赶去。而许多男孩子在午饭前就赶到了那儿，他们快把好的草莓都摘光了。可怜的小安妮最终只采到了1升草莓。

回家途中，安妮想起了老师常说的话："办事得尽早着手，干完后再去想。因为一个实干者胜过100个空想家。"

成功在于计划，更在于行动。目标再大，如果不去落实，也永远只能是空想。所以当你心动的时候，就应当尽快地将它付诸行动，这样才能够更好地把握住机遇。

在一次行动力研习会上，培训师说："现在我请各位一起来做一个游戏，大家必须用心投入，并且采取行动。"他从钱包里掏出一张面值100元的人民币，他说："现在有谁愿意拿50元来换这张100元的人民币？"他说了几次，都没有人行动，最后终于有一个人走向讲台，但他仍然用一种怀疑的眼光看着培训师和那一张人民币，不敢行动。那位培训师提醒说："要配合，要参与，要行动。"那个人才采取行动，换回了那100元，那位勇敢的参与者立刻赚了50元。最后，培训师说："凡事马上行动，立刻行动，你的人生才会不一样。"

现实生活中，我们往往在心动的时候会考虑到很多因素，会想这能实现吗？会想到诸多的困难阻碍，会想到自己力量的薄弱等。但是为什么不去试试呢？很多时候，我们缺少的是将心动变成行动的胆量。

人生就是这样，再美好的梦想，离开了行动就会变成空想；再完美的计划，离开了行动也会失去意义。我们要实现自己的理想，就应当注重行动，在行动中实现自己的梦想。

古语说得好："千里之行，始于足下。"你可能曾经看过某些人在接近人生旅程的尽头时，回顾一生时说："如果我能有不同的做法……如果我能在机会降临时好好地利用……"这些未能得到满足的生命，只是充塞着数不清的"如果……"他们的生命在真正起步之前就已经结束了。

只有行动才能让计划成为现实，这是千年不变的真理。如果你想改变你的现状，那就赶快行动吧！

你必须很努力,才能看起来毫不费力

勤奋能塑造卓越的伟人,也能创造最好的自己。大凡有作为的人,无一不与勤奋有着深厚的缘分。

古人说得好:"一勤天下无难事。"勤奋能塑造卓越的伟人,也能创造最好的自己。爱因斯坦曾经说过:"在天才和勤奋之间,我毫不迟疑地选择勤奋,她几乎是世界上一切成就的催化剂。"高尔基还有这么一句话:"天才出于勤奋。"卡莱尔更激励我们说:"天才就是无止境刻苦勤奋的能力。"

大凡有作为的人,无一不与勤奋有着深厚的缘分。古今中外著名的思想家、科学家、艺术家,他们无不是勤奋耕作走向成功的典型。

1601年的一个傍晚,丹麦天文学家第谷·布拉赫卧在床上,生命已经垂危。他的学生德国天文学家开普勒坐在一张矮凳上,倾听着老师临终的话:"我一生以观察星辰为工作,我的目标是1000颗星,现在我只观察到750颗星。我把我的一切底稿都交给你,你把我的观察结果出版出来……你不会让我失望吧?"

开普勒静静地坐着,点了点头,眼泪从脸颊上流下来。

为了不辜负老师的嘱托,开普勒开始勤奋工作。但是他的继承引起了布拉赫亲戚们的妒忌,不久,他们合伙把作为遗产的底稿全部收了回去。无情的挫折没能使开普勒屈服,他日夜牢记着老师的托付"我的目标是1000颗星"。开普勒顽强地进行实地观测,每天只睡几个小时,吃住都在望远镜边,开始了枯燥单调的天文工作。751,752,753……20多年过去了,终于在1627年,开普勒实现了老师的遗愿。

天才出自勤奋,伟大来自努力,没有人能随随便便成功。没有细致耐心的勤奋工作,也不会有大的成就。

所谓勤,就是要人们善于珍惜时间,勤于学习,勤于思考,勤于探索,勤于实践,勤于总结。看古今中外,凡有建树者,在其历史的每一页上,无不都用辛勤的汗水写着一个闪光的大字——"勤"。

德国伟大诗人、小说家和戏剧家歌德,前后花了58年的时间,搜集了大量的材料,写出了对世界文学和思想界产生很大影响的诗剧《浮士德》。

马克思写《资本论》,辛勤劳动,艰苦奋斗了40年,阅读了数量惊人的书籍和刊物,其中做过笔记的就有1500种以上。

我国著名的数学家陈景润,在攀登数学高峰的道路上,翻阅了国内外相关的上千本资料,通宵达旦地看书学习,取得了震惊世界的成就。

记得有人说过:"天才之所以能成为天才,只不过是因为他们比一般人更专注更勤奋罢了。"的确,没有人能只依靠天分成功。上天只能给人天分,只有勤奋才能将天分变为天才。

曾国藩是中国历史上最有影响力的人物之一,然而他小时候的天赋却不高。有一天在家读书,他把一篇文章反反复复地朗读了不知道多少遍,还是没有背下来。这时候他家来了一个贼,潜伏在他的屋檐下,希望等曾国藩睡觉之后捞点好处。

可是等啊等,就是不见他睡觉,一直翻来覆去地读那篇文章。贼人大怒,跳出来说:"这种水平读什么书?"然后将那文章背诵一遍,扬长而去!

贼人是很聪明,至少比曾先生要聪明,但是他只能成为贼,而曾先生却成为近代史上的风云人物。其中奥妙何在?无非一个'勤'字。"勤能补拙是良训,一分辛苦一分才。"

可见,任何一项成就的取得,都是与勤奋分不开的,古今中外,概莫能外。伟大的成功和辛勤的劳动是成正比的,有一分劳动就有一分收获,日积月累,从少到多,奇迹就可以创造出来。

无论多么美好的东西,人们只有付出相应的劳动和汗水,才能懂得这美好的东西是多么地来之不易,因而愈加珍惜它。这样,人们才能从这种"拥有"中享受到快乐和幸福。

如果能试着按下面的方法去做,你就能变得勤奋,你的努力也会更加有效:

(1)要做一些自己喜欢的事情;学会自己作决定,哪怕是已定的事情也要学着自己决定一下;从小事开始,先做一些有把握成功的事情;把激发自己热情的事情记录下来;珍惜生命;鼓励自己,和热情的人在一起。

(2)会休息的人才会工作。充分休息,自我放松,培养愉快的心情。在积极的心态下行动，才能事半功倍。

（3）做一个详细具体的计划，让自己的工作有计划、有规律，然后努力把眼前的事情做好。

（4）只顾忙碌而不注重效率也不行，所以要做好时间管理，让自己的努力更有效率。

（5）绝不拖延，只有这样，才能养成今日事今日毕的好习惯。长此以往，便可拥有可贵的品质——勤奋。

第 5 章

**拆掉思维里的墙：
原来我还可以这样活**

井底之蛙，永远看不到辽阔的大海

故步自封和过度的自我满足让人的世界变得越来越小。而有些人宁可在暂时的安逸中沉湎，也不愿提高自身的能力和核心竞争力以适应环境变化。这种做法和文中的两只青蛙所做出的反应，几乎同出一辙。

有一只青蛙生活在井里，那里有充足的水源。它对自己的生活很满意，每天都在欢快地歌唱。

有一天，一只鸟儿飞到这里，便停下来在井边歇歇脚。青蛙主动打招呼说："喂，你好，你从哪里来啊？"

鸟儿回答说："我从很远很远的地方来，而且还要到很远很远的地方去，所以感觉很疲劳。"

青蛙很吃惊地问："天空不就是那么点儿大吗？你怎么说是很遥远呢？"

鸟儿说："你一生都在井里，看到的只是井口那么大的一片天空，怎么能够知道外面的世界呢？"

青蛙听完这番话后，惊讶地看着鸟儿，一脸茫然和失落的样子。

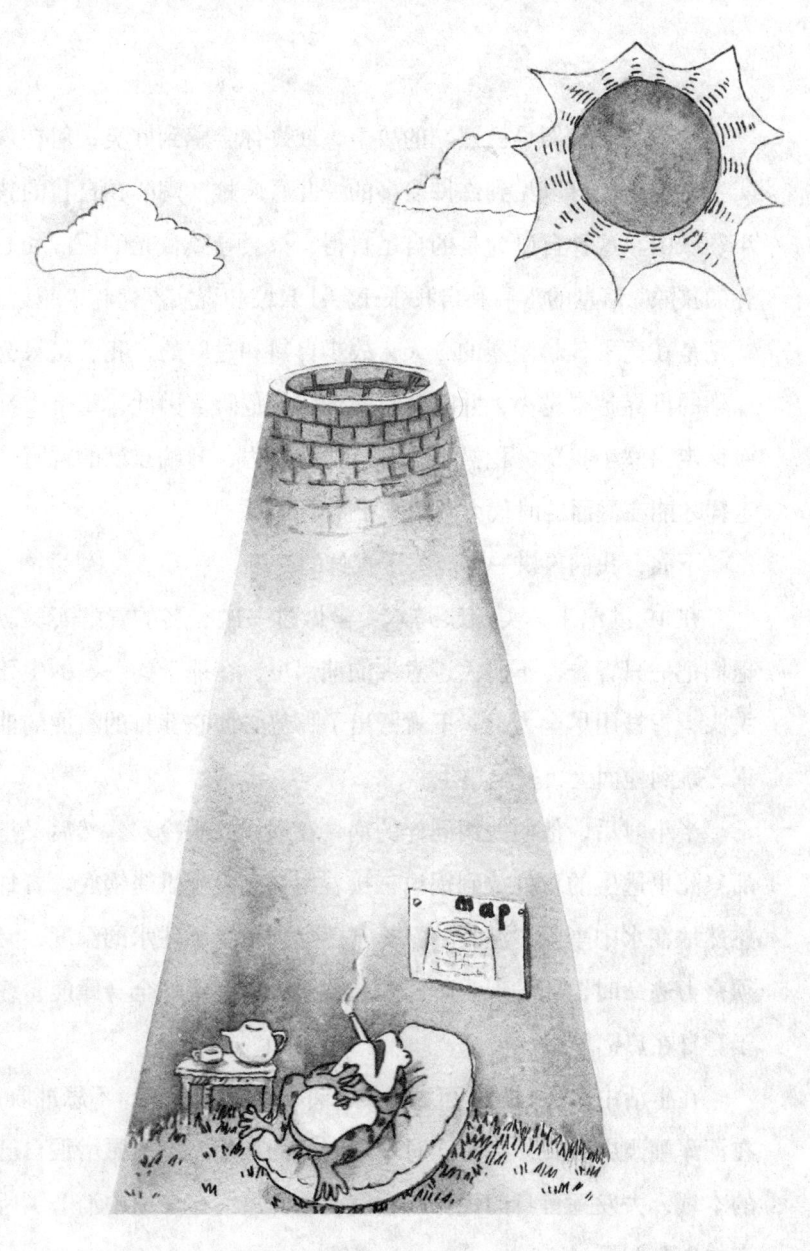

井底之蛙，永远看不到辽阔的大海。

这是一个我们早已熟知的故事，或许你会感到好笑，但在现实生活中，仍可以见到许许多多的"井底之蛙"陶醉在自我的狭小领域中。这种自以为是的自足自得，只会导致目光的短浅和心胸的狭隘。信息的落后和自我张狂会让自己和现实离得越来越远。特别是在竞争日趋激烈的今天，故步自封和过度的自我满足只会让你的世界越来越小，并时刻有被淘汰的危险。因此，每个人都应该走出"小我"，积极地提升自身的能力，开阔自己的视野，这样才能在汹涌的时代大潮中立于不败之地。

下面，我们再讲一个有关于青蛙的故事。

在19世纪末，美国康乃尔大学做过一次有名的青蛙实验。他们把一只青蛙冷不防丢进煮沸的油锅里，在那千钧一发的生死关头，青蛙用尽全力，一下就跃出了那势必使它葬身的滚烫的油锅，跳到地面上，安全逃生。

半小时后，他们使用同样的锅，在锅里放满冷水，然后又把那只死里逃生的青蛙放到锅里，接着用炭火慢慢烘烤锅底。青蛙悠然地在水中享受"温暖"，等它感觉到承受不住水的温度，必须奋力逃命时，却发现为时已晚，欲跃无力。青蛙全身瘫痪，终于葬身在热锅里。

在生活中，我们随处可以看到，许多人安于现状，不思进取，在浑浑噩噩中度日，害怕面对不断变化的环境，更不愿增强自己的本领，去发挥自身的优势以适应变化，最终在安逸中消磨了所有的生命能量。

不少人会有这样的体验，虽然每天准时上班，每天按计划完成该做的事，但总觉得生活过得呆板，缺乏活力。似乎该做的事都已经做了，生活中再也找不到还能去做选择和努力的地方。曾经就有这样一个被人们一致公认的成功人士，竟爬上楼顶，从上面跳了下去。

问题出在哪里？从表面上看，他是因为反复遵循着同样的生活方式，没有新鲜的感受，没有新的创意，产生了厌倦和疲劳，身心力竭。

再往更深的层次看，也许是目标定得不够高，成功后就再看不到更高的奋斗目标了；也许有着不切实际的预期。这样，无论他的学业、事业多么地成功，都无法达到预期的要求；也许是认识不到自己工作的成就和价值；也许是把自己的目标定得太窄，于是生活变得刻板，没有活力。

美国的本杰明·富兰克林是举世闻名的政治家、外交家、科学家和作家。他的多方面才能令人惊叹：他4次当选宾夕法尼亚州的州长；他制定出《新闻传播法》；他发明了口琴、摇椅、路灯、避雷针、两块镜片的眼镜、颗粒肥料；他设计了富兰克林式的火炉和夏天穿的白色亚麻服装；他最先组织消防厅；他首先组织道路清扫部；他是政治漫画的创始人；他是出租文库的创始人；他是美国最早的警句家；他是美国第一流的新闻工作者，也是印刷工人；他创设了近代的邮信制度；他想出了广告用插图；他创立了议员的近代选举法；他的自传是世界上所有自传中最受欢迎的自传之一,仅在英国和美国就重印了数百版,现在仍被广泛阅读……

诚然,像富兰克林这样敢于尝试,并在各方面都有卓越才能的人是少见的。可是,这也足以说明:只要愿意,人无所不能。作为普通人,虽然我们不可能在各方面都有所建树,但如果我们敢于求新求变,试着涉足更广阔的领域,即使不能扬名立万,也会使生活变得更加丰富多彩。长期单调乏味的生活常常会使最有耐性的人也觉得忍无可忍,读到这里,你完全应该相信:你还可以做好很多事情。

人生无处不"套牢",思路决定出路

"套牢"是股市上的一个术语,却也很好地表现出了人生中的一种尴尬处境。就像一个故事中所讲的,一只贪食的鸟儿拼命地往网孔中钻,可任凭它怎样用力,脖子都被勒得窒息,也够不着近在咫尺的虫子。当人们拼着性命往套中钻时,却怎么也得不到自己所渴望得到的。也许,这种削尖脑袋往套中钻的动机和想法本身就是一个圈套,或者说是一堵围困人生的墙吧。

在股市猛地热了起来的时候,有个词的使用频率突然增高,这便是——套牢。许多人被股市赚钱的光环所诱惑而奋不顾身地跳了进去,谁知股价非但不涨反而直线下跌,这就是被套牢了。凡是玩儿股票的人,没有一个喜欢自己被套牢的。可是大多玩儿股票的人,没有一个能够幸免于此。

过于自由,心里就空落落的,魂不守舍,食不甘味,各种各样的孤独就随即到来。有种不错的说法：凡是活人必然是套中之人。

而人要套自己是最无可救药的。有一个人热爱炒股，小有进账。然而他总是拨起算盘算自己理论上应该赚多少，而实际上少赚了多少，这样算来算去反而更不快乐。有人劝他何苦和自己过不去，留得"生命"在，还怕没钱赚？他觉得这话是对的，但心里忍不住还是惦记那飞走的铜钱。唉！不知道是人套钱，还是钱套人，天下的傻瓜们啊！

人生不应该有太多的劳累与负荷。现在拥有的，我们应该珍惜；已经失去的，也没必要再为之哭泣。抬头向前看，会有更美好的生活在等着你。只要有一颗乐观向上的心，人生就会一路充满阳光。

尤利乌斯是一个很不错的画家，他画快乐的世界，因为他自己就是一个快乐的人。不过没人买他的画，因此他想起来会有点伤感，但只是一小会儿。

"玩玩足球彩票吧！"他的朋友们劝他，"只花2马克便可赢很多钱！"

于是尤利乌斯花2马克买了一张彩票，并真的中了奖！他赚了50万马克。

"你瞧！"他的朋友都对他说，"你多走运啊！现在你还经常画画吗？"

"我现在就只画支票上的数字！"尤利乌斯笑道。

尤利乌斯买了一幢别墅并对它进行了一番装饰。他很有品位，买了许多好东西：维也纳橱柜、佛罗伦萨小桌、迈森瓷器，还有古老的威尼斯吊灯。

尤利乌斯很满足地坐下来，点燃一支香烟静静地享受他的幸福。突然，他感到好孤单，便想去看看朋友。如同在原来那个石头做的画室里一样，他把烟往地上一扔，然后就出去了。

燃烧着的香烟躺在地上，躺在华丽的地毯上……一个小时以后，别墅变成一片火的海洋，它完全烧没了。

朋友们很快就知道了这个消息,他们都来安慰尤利乌斯。

"尤利乌斯,真是不幸呀!"他们说。

"怎么不幸了?"他问。

"损失呀!尤利乌斯,你现在什么都没有了。"

"什么呀?不过是损失了2个马克。"

走出囚禁思维的栅栏

有时,我们固有的思维就是囚禁自己的"栅栏",要还创造力以自由,首先要做的便是突破常规思维。

世界上没有两片完全相同的树叶,同样,世界上也没有两个完全相同的人。每个人自身的独特性,造成其别具一格的思维方式,每个人都可以走出一条与众不同的发展道路来。但保持个性的同时,也应追求突破创新,否则,你将陷入自身的思路的"圈套"当中。

每个人都会有"自身携带的栅栏",若能及时地从中走出来,实在是一种可贵的警悟。独一无二的创新精神,勇于进取,绝不自损、自贬,在学习生活中勇于独立思考,在日常生活中善于注入创意,在职业生活中精于自主创新,正是能够从自我囚禁的"栅栏"里走出来的鲜明标志。形成创造力自囚的"栅栏",通常有其内在的原因,是由于思维的知觉性障碍、判断力障碍以及常规思维的惯性障碍所导致的。知觉是接受信息的通道,知觉的领域狭窄,通道自然受阻,创造力也就无从激发。这条通道要保持通畅，才能使信息流丰盈、多样，使新信息、新知识的获得成为可能，使得信息检索能力得到锻炼，不断增长其敏锐的接收能力、详略适度的筛选能力和信息精化的提炼能力，这是形成创新心态的重要前提。判断性障碍大多产生于心理偏见和观念偏离。要使判断恢复客观，首先需要矫正心理视觉，使之采取开放的态度，注意事物自身的特性而不囿于固有的见解或观念。这在新事物迅猛增涨、新知识快速增加的当今时代，显得尤为重要。

要从自囚的"栅栏"走出来，还创造力以自由，首先就要还思维状态以自由，突破常规思维。在此基础上，对日常生活保持开放的、积极的心态，对创新世界的人与事，持平视的、平等的态度，对创造活动，持成败皆为收获、过程才最重要的精神状态，这样，我们将有望形成十分有利于创新生涯的心理品质，并且及时克服内在消极因素。

成功的人往往是一些不那么"安分守己"的人，他们绝对不会因取得一些小小的成绩而沾沾自喜，获得一点儿小成功就停下继续前行的脚步。因此，只有突破自我，才能获得又一次的蜕变，人生才会呈现更好的局面。

一位雕塑家有一个12岁的儿子。儿子要爸爸给他做几件玩具，雕塑家只是慈祥地笑着，说："你自己不能动手试试吗？"

为了做好自己的玩具，孩子开始注意父亲的工作，常常站在旁边观看父亲运用各种工具，然后模仿着运用于玩具制作。父亲也从来不向他讲解什么，放任自流。

走出囚禁思维的栅栏。

第 5 章
拆掉思维里的墙：原来我还可以这样活

一年后，孩子初步掌握了一些制作方法，玩具造得颇像个样子。这样，父亲偶尔会指点一二。但孩子脾气倔，从来不将父亲的话当回事，我行我素，自得其乐，父亲也不生气。

又一年，孩子的技艺显著提高，可以随心所欲地摆弄出各种人和动物形状。孩子常常将自己的"杰作"展示给别人看，引来诸多夸赞。但雕塑家总是淡淡地笑，并不在乎。

有一天，孩子存放在工作室的玩具全部不翼而飞，父亲说："昨夜可能有小偷来过。"孩子没办法，只得重新制作。

半年后，工作室再次被盗。又半年，工作室又失窃了。孩子有些怀疑是父亲在捣鬼：为什么从不见父亲为失窃而吃惊、防范呢？

一天夜晚，儿子夜里没睡着，见工作室灯亮着，便溜到窗边窥视，只见父亲背着手，在雕塑作品前踱步、观看。好一会儿，父亲仿佛做出某种决定，一转身，拾起斧子，将自己大部分作品打得稀巴烂！接着，父亲将这些碎土块堆到一起，放上水重新混合成泥巴。孩子疑惑地站在窗外。这时，他又看见父亲走到他的那批小玩具前，父亲拿起每件玩具端详片刻，然后，将儿子所有的自制玩具扔到泥堆里搅和起来，当父亲回头的时候，儿子已站在他身后，瞪着愤怒的眼睛。父亲有些羞愧，吞吞吐吐道："我，是，哦，是因为，只有砸烂较差的，我们才能创造更好的。"

10年之后，父亲和儿子的作品多次同获国内外大奖。

父亲不愧是位雕塑家，他不但深谙雕塑艺术品的精髓，更懂得如何雕塑儿子的"灵魂"。每一个渴望成功的人都必须谨记：只有不断突破自我，超越以往，你才能开创出更美好、更辉煌的人生。

甩掉"金科玉律"的束缚

很多所谓的金科玉律，只是些陈见和偏见罢了。谁信奉它，谁就会受制于它。

我们从小就会被教导不能做这，不能做那，久而久之就形成了一种固定的观念。这些观念成为了我们行走社会的"金科玉律"，它们让我们少受挫折的同时，也常常阻碍着我们去开拓新的人生格局。这些观念禁锢着我们的大脑，侵蚀着我们的潜能。因此，要改变命运，我们就得先从改变观念开始。

大家都记得这句金科玉律："想要别人怎样对待你，就先怎样对待别人。"这可能是一句大家从小就会，并且会拿来教导孩子的至理名言。

很多人把这句名言当成个人生活的策略，我们也这样处理周遭发生的事。但把这句名言当成策略，很可能会陷入本位主义的泥潭。因为这句名言假定自己的看法就是他人的看法。因此，自己所想的，就是适当、正确的。如果你就是在这种金科玉律教导下长大的，难免会养成这种思考逻辑。不过，如果你以不同的观点思考，就能开启许多前所未有的成功之门。

我们被自己对世界的偏见所蒙蔽，看不到个人见解的可笑和荒谬。这种狭隘的观念，直接影响了我们在处理变革时采取的决策和行动。

如果你认为所有看待事情的观点是绝不相同的，那在处理变革差异的冲突及协商决策时，会相当危险。尤其在一意孤行地盲从自己的观点、不考虑他人时，情况便会更危险。

要真正有效处理变革所引起的差异，就得具备求同存异的能力，适时从别人的观点和立场来看事情。要这么做就必须把先前的金科玉律改变一下，换成新版的："以别人想被对待的方式对待他们。"其实，只要观念上稍微调整一下，变革的成效就有天壤之别的。

在我们生活的世界中，存在着各种各样的"应该""必须"等条条框框，它们编织了一个很大的误区，将现实生活中的人们网罗其中，而我们很多人往往习以为常、不假思索地照"章"行事。

我们每个人都生活在一个社会群体中，因此，我们不可能是一个完全孤立的个体，我们的思想和行为可能时时受到世俗的约束。对于这些规则和方针，你也许不以为然，但同时又无法摆脱束缚，无法确定自己应该遵循哪些适用的规则和方针。

任何事物都不是绝对的。任何规则或法律都不能保证在各种场合均能适用，或取得最佳效果。相比之下，具体情况具体分析的原则应成为我们生活和行事的准则。然而，你可能会发现，违反一条不适用的规定或打破一种荒谬的传统却很困难，甚至不可

能。顺应社会潮流有时的确不失为一种生存的手段，然而如果走向极端，这也会成为一种神经过敏症。在某些情况下，按条条框框办事甚至会使你情绪低落、忧心忡忡。

林肯曾经说过："我从来不为自己确定永远适用的政策。我只是在具体时刻争取做最合乎情理的事情。"他没有使自己成为某项具体政策的奴隶，即使对于普遍性政策，他也并不强求在各种情况下都加以实施。

如果一种规定或规矩妨碍着人们的精神健康，阻碍着人们去积极生活，那么它就是不健康的。如果你知道这种规矩是消极而令人讨厌的，而你又一直遵守规矩，那你就陷入了人生的另一种误区——你放弃了自我选择的自由，让外界因素控制了自己。生活中有两种类型的人，即外界控制型与内在控制型。认真分析一下自己属于哪种类型，这将有助于你进一步审视自己生活中大量误区性的条条框框。

杰克是一位公司员工，他经常与妻子在家争吵，以至发生婚姻危机。后来，他找到一位心理咨询专家，听了杰克的诉说后，专家给他提出了一条建议："不要总是试图向你妻子表明她错了，你不妨只同她讨论而不去辩明谁对谁错，只要你不再强求她接受你的意见，你也就不必自寻烦恼，不必为证实自己是正确的而无休止地争吵了。"后来，杰克试着做了，果然很奏效。一旦遇到相反的观点和看法，他不再与妻子争论不休，要么与之讨论，要么回避不谈。一段时间以后，夫妻关系明显得到了改善。

其实，各种是非观念都代表着一种"应该"框框。这些条条框框会妨碍你，当你的条条框框与他人发生冲突时，尤其如此。在我们的生活中不乏一些优柔寡断之人，他们无论大事还是小事都难以做出决定。究其原因，人们之所以优柔寡断，因为他们总希望做出正确的选择，他们以为通过推迟选择便可以避免犯错误，从而避免忧虑。有一位患者去求助心理医生，当医生问他是否很难做出决定时，他回答道："嗯……这很难说。"

你或许觉得自己在很多事情上也难以做出决定，甚至在小事上也是如此。这是习惯于以是非标准衡量事物的直接后果。如果当你要做出某些决定时，能抛开一些僵化的是非观念，而不顾忌什么是是非非，你将轻而易举地做出自己的决定。如果你在报考大学时竭力要做出正确的选择，则很可能不知所措，即使做出决定后，也还会担心自己的选择可能是错误的。因此，你可以这样改变自己的思维方法："所谓最好、最合适的大学是不存在的，每一所大学都有其利与弊。"这种选择谈不上对与错，仅仅是各有不同而已。

衡量是否更适合生活的标准并不在于能否做出正确的选择。你在做出选择之后，控制情感的能力则更为明确地反映出自我抑制能力，因为一种所谓正确的标准包含着我们前面谈到的"条条框框"，而你应当努力打破这些条条框框。这里提出的新的思维方法将在两个方面对你有所帮助：一方面，你将完全摆脱那些毫无意义的"应该"标准；另一方面，在消除了是非观念误区之后，你便能够更加果断地做出各种决定。

生活是不断变化的，观念也要不断地更新。无数的事实告诉我们，成功的喜悦总是属于那些思想活跃、不落俗套的人。因此，想别人所不敢想，做别人所不敢做，往往会为我们创造意想不到的机遇。

摧毁专家们的旧图画

迷信权威便会失去自我的判断,这样一来,我们便失去了最有用的东西。

生活中有很多权威和偶像,他们会禁锢你的头脑,束缚你的手脚。如果盲目地附和众议,就会丧失独立思考的习性;如果无原则地屈从他人,就会被剥夺自主行动的能力。

任何知识都是相对的,它们具有先进性,也有自己的局限性。有些人虽然掌握的知识不多,但初生牛犊不怕虎,思想活跃,敢于奋力拼搏,反而增加了成功的希望。权威人士常因为头脑中有了定型的见解和习惯,甚至是自己苦心研究得到的有效成果,因而紧紧抱住不放,遇到同类事项总是以习惯为标准去衡量,而不愿去思考别人的意见,哪怕是更好更有效的办法。结果,曾经先进过的东西或习惯有时反而会成为创新的障碍。

将一杯冷水和一杯热水同时放入冰箱的冷冻室里,哪一杯水先结冰?很多人都会毫不犹豫地回答:"当然是冷水先结冰了!"非常遗憾,错了。发现这一错误的是一个非洲中学生——姆佩姆巴。

1963年的一天,坦桑尼亚的马干马中学初三学生姆佩姆巴发现,自己放在电冰箱冷冻室的热牛奶比其他同学的冷牛奶先结冰。这令他大惑不解,并立刻跑去请教老师。老师则认为,肯定是姆佩姆巴搞错了。姆佩姆巴只好再做一次试验,结果与上次完全相同。

不久，达累斯萨拉姆大学物理系主任奥斯玻恩博士来到马干马中学。姆佩姆巴向奥斯玻恩博士提出了自己的疑问，后来奥斯玻恩博士把姆佩姆巴的发现列为大学二年级物理课外研究课题。随后，许多新闻媒体把这个非洲中学生发现的物理现象，称为"姆佩姆巴效应"。

很多人认为是正确的，并不一定就真的正确。像姆佩姆巴碰到的这个似乎是常识性的问题，我们稍不小心，便会像那位老师一样，做出自以为是的错误结论。

著名的实用主义哲学家威廉·詹姆斯，曾经谈过那些从来没有发现他们自己的人。他说一般人只发展了10%的潜在能力。"他具有各种各样的能力，却习惯性地不懂得怎么去利用。"

告诉自己：你是独一无二的，你是最棒的，做最独特、最棒的自己才是我们的选择。

洛威尔说："茫茫尘世、芸芸众生，每个人必然都会有一份适合他的工作。"

在个人成功的经验之中，保持自我的本色及以自身的创造性，去赢得一个新天地，是最有意义的。

权威的意见固然有他的缘由所在，然而权威只能作为我们人生的参考，却不能取代我们对于自己人生的独立思考。权威可能今天是权威，不代表永远是权威。更何况，权威有很多，你是听信哪个呢？权威不代表真理！如果你多问几句，这是真的吗？如果你改变一下，这次不这样做，结果会是怎样？如果你说不，又会是怎样？不要害怕自己的决定会是错的，因为权威们也不知道真正的事实到底是什么，他们也是以自己的经验做判断。相信自己的决断是正确的，你也实现了自我突破。自我突破走出自己的一条路，是面对权威做出的正确选择，也是实现自我价值的出路所在。

著名物理学家杨振宁谈到科学家的胆魄时曾说："当你老了，你会变得越来越习惯于舒服……因为一旦有了新想法，马上会想到一大堆永无休止的争论。而当你年轻力壮的时候，却可以到处寻找新的观念，大胆地面对挑战。"为什么有些大人物成名之后难再辉煌？其重要原因之一恐怕就在这里。反对研制飞机的那些科学大师们就是这样。因此，我们应该不向习惯低头，敢于挑战权威。

别让"约拿情结"毁了你

"约拿情结"的典故出自《圣经》,却高度概括了人的一种状态。人渴望成功又害怕面对成功,内心一直在积极与消极的两端徘徊。其实,这种心理迷茫状态来源于内心深处的恐惧感,而这种深层的恐惧心理,也成了人生最严重的致命伤。

约拿是《圣经》中的人物。据说上帝要约拿到尼尼微城去传话,这本是一种崇高的使命和荣誉,也是约拿平素所向往的。但一旦理想成为现实,他又感到一种畏惧,觉得自己不行,想回避即将到来的成功,想推却突然降临的荣誉。这种在成功面前的畏惧心理,心理学家们称之为"约拿情结"。

"约拿情结"是一种普遍的心理现象。我们想取得成功,但成功以后,又总是伴随着一种心理迷茫。我们既自信,又自卑,我们既对杰出人物感到敬仰,又总是心怀一种敌意。我们敬佩最终取得成功的人,而对成功者,又怀有一种不安、焦虑、慌乱和忌妒。我们既害怕自己最低的可能性,又害怕自己最高的可能性。

说到底,"约拿情结"是一种内心深层次的恐惧感。这种恐惧感往往会破坏一个人的正常能力。

恐惧使创新精神陷于麻木;恐惧毁灭自信,导致优柔寡断;恐惧使我们动摇,不敢做任何事情;恐惧还使我们怀疑和犹豫。恐惧是能力上的一个大漏洞,而事实上,有许多人把他们一半以上的宝贵精力浪费在毫无益处的恐惧和焦虑上面了。

恐惧虽然阻碍着人们力量的发挥和生活质量的提高，但它并非不可战胜。只要人们能够积极地行动起来，在行动中有意识地纠正自己的恐惧心理，那它就不会再成为我们的威胁。

勇敢的思想和坚定的信念是治疗恐惧的天然药物，勇敢和信心能够中和恐惧，如同在酸溶液里加一点碱，就可以破坏酸的腐蚀力一样。

对此，我们不妨多加了解一下。

有一个文艺作家对创作抱着极大的野心，期望自己成为大文豪。美梦未成真前，他说："因为心存恐惧，我眼看一天过去了，一星期、一年也过去了，仍然不敢轻易下笔。"

另有一位作家说："我很注意如何使我的心力有技巧、有效率地发挥，在没有一点灵感时，也要坐在书桌前奋笔疾书，像机器一样不停地动笔。不管写出的句子如何杂乱无章，只要手在动就好了，因为手到能带动心力，从而慢慢地将文思引出来。"

初学游泳的人，站在高高的水池边要往下跳时，都会心生恐惧。如果壮大胆子，勇敢地跳下去，恐惧感就会慢慢消失，反复练习后，恐惧心理就不复存在了。

倘若很神经质地怀着完美主义的想法，进步的速度会受到限制。如果一个人恐惧时总是这样想："等到没有恐惧心理时再来跳水吧，我得先把害怕退缩的心态赶走才可以。"这样做的结果往往是把精神全浪费在消除恐惧感上了。

这样做的人一定会失败，为什么呢？人类心生恐惧是自然现象，只有亲身行动才能将恐惧之心消除。不实际体验，只是坐待恐惧之心离你远去，自然是徒劳无功的事。

在不安、恐惧的心态下仍勇于作为，是克服神经紧张的处方，它能使人在行动之中，获得活泼与生气，渐渐忘却恐惧心理。只要不畏缩，有了初步行动，就能带动第二次、第三次的出发，如此一来，心理与行动都会渐渐走上正确的轨道。

今天得过且过，将来一生无成

有的人想做大事，却漫无目标，得过且过。这样的人肯定会有很多局限性而无法超越自我，难有大的突破和进展。实际上，凡是有"得过且过"心态的人，无不是给自己立了一堵墙，并陶然忘我地在围墙之内沉醉。殊不知，这俨然是在耗费生命。

在古希腊，有两个同村的人，为了比高低，打赌看谁走得离家最远。于是，他们同时却不同道地骑着马出发了。

一个人走了 13 天之后，心想："我还是停下来吧，因为我已经走了很远了。他肯定没有我走得远。"于是，他停了下来，休息了几天，调转马头返回家乡，重新开始他的农耕生活。

而另外一个人走了 7 年，却没回来，人们都以为这个傻瓜为了一场没有必要的打赌而丢了性命。

有一天，一支浩浩荡荡的队伍向村里开来，村里的人不知发生了什么大事。当队伍临近时，村里有人惊喜地叫道："那不是克尔威逊吗？"消失了 7 年的克尔威逊已经成了军中统帅。

他下马后，向村里人致意，然后说："鲁尔呢？我要谢谢他，因为那个打赌让我有了今天。"鲁尔羞愧地说："祝贺你，好伙伴。我至今还是农夫！"

暂时满足的心态只能使你次人一等。生活中有多少人都是这样成为次人一等者的啊！

一个有朝气、有计划、克服消极心态的人，一定会不辞任何劳苦，坚持不懈地向前迈进，他们从来不会想到"将就过"这样的话。有些人常常对他人说："得过且过，过一把瘾吧！""只要不饿肚子就行了！""只要不被撤职就够了！"这种青年无异于承认自己没有生机。他们简直已经脱离了世人的生活，至于"克

服消极心态"那更是想也不必想了。

打起精神来！它虽然未能够使你立刻有所收获，或得到物质上的安慰，但它能够充实你的生活，使你获得无限的乐趣，这是千真万确的。

无论你做什么事，打不起精神来就不能克服消极心态。你必须全神贯注，竭尽所有的精力去做它，务必使你每天都有显著的克服消极心态的进步，因为我们每天从事的工作都可以训练和发展我们克服消极心态的能力。一个人如能打定主意，那他的收获一定不会仅够"填饱肚子"的。

那些克服消极心态而成就的大事，绝非仅欲"填饱肚子"以及做事"得过且过"的人所能完成的，只有那些意志坚决、不辞辛苦、十分热心的人才能完成这些事业。

在美国西部，有个天然的大洞穴，它的美丽和壮观出乎人们的想象。但是这个大洞穴一直没有被人发现，没有人知道它的存在，因此它的美丽也等于不存在。有一天，一个牧童偶然发现洞穴的入口，从此，新墨西哥州的绿巴洞穴成为世界闻名的胜地。

科学研究表明，我们每个人都有140亿个脑细胞，而一个人只利用了肉体和心智能源的极小部分。若与人的潜力相比，我们只处于半醒状态，还有许多未发现的"绿巴洞穴"。正如美国诗人惠特曼诗中所说：

我，我要比我想象的更大、更美

在我的，在我的体内
我竟不知道包含这么多美丽
这么多动人之处……

　　人是万物的灵长，是宇宙的精华，我们每个人都具有生命的本能。为"生命本能"效力的就是人体内的创造机能，它能创造人间的奇迹，也能创造一个最好的你。
　　我们每个人心里都有一幅"心理蓝图"或一幅自画像，有人称它为"自我心像"。自我心像有如电脑程序，直接影响它的运作结果。如果你的心像想的是做最好的你，那么你就会在你内心的"荧光屏"上看到一个踌躇满志、不断进取的自我。同时，还会经常听到"我做得很好，我以后还会做得更好"之类的信息，这样你注定会成为一个最好的你。美国哲学家爱默生说："人的一生正如他一天中所设想的那样，你怎样想象，怎样期待，就有怎样的人生。"美国赫赫有名的钢铁大王安德鲁·卡内基就是一个能充分发挥自己创造机能的楷模。他12岁时由苏格兰移居美国，最初在一家纺织厂当工人，当时，他的目标是决心"做全工厂最出色的工人"。因为他经常这样想，也是这样做的，最后果真成为全工厂最优秀的工人。后来命运又安排他当邮递员，他想的是怎样"做全美最杰出的邮递员"。结果他的这一目标也实现了。他的一生总是根据自己所处的环境和地位塑造最佳的自己，他的座右铭就是："做一个最好的自己。"

人生不设限,唤醒心中的巨人

人的悲哀不在于他们不去努力,而在于他们总爱给自己设定许多的条条框框,这种条框无意之间限制了他们想象的空间,以及创造的潜能和奋进的范围。看似一天到晚在忙碌,实际上自己已经套上了可怕的"紧箍罩",最终注定碌碌无为。

科学家曾做过一个有趣的实验:

他们把跳蚤放在桌上,一拍桌子,跳蚤立即跳起,跳起高度均在其身高的100倍以上,堪称世界上跳得最高的动物。然后他们在跳蚤头上罩一个玻璃罩,再让它跳。第一次跳蚤就碰到了玻璃罩,连续多次碰壁后,跳蚤改变了起跳高度以适应环境,每次跳跃高度总保持在罩顶以下。接下来,科学家逐渐改变玻璃罩的高度,这使跳蚤都在碰壁后主动改变跳跃的高度。最后,玻璃罩接近桌面,这时跳蚤已无法再跳了。于是,科学家把玻璃罩打开,再拍桌子,跳蚤仍然不会跳,变成"爬蚤"了。

跳蚤变成"爬蚤",并非是它已丧失了跳跃的能力,而是一次次的受挫使它学乖了,习惯了,麻木了。最可悲之处在于,实际上玻璃罩已经不存在了,它却连"再试一次"的念头都没有了。玻璃罩已经罩在了它的潜意识里,罩在了它的心灵上。行动的欲望和潜能被自己扼杀了!科学家把这种现象叫作"自我设限"。

"自我设限"是人生的最大障碍,如果想突破它,我们就必须不怕碰壁。这时我们就用得着"饥渴精神"了。如果那只跳蚤永远想着"外面有美味可以填饱肚子",那它就永远都不会放弃跳跃,除非生命终结。

无独有偶。自然科学家法布尔也曾利用毛毛虫做过一次很不寻常的试验。这些毛毛虫总是盲目地跟着前面的毛毛虫走,所以它们又叫游行毛毛虫。法布尔很小心地安排,使它们围着花瓶的边缘走成一个圆圈。花瓶的旁边则放了一些松针,这是毛毛虫喜欢的食物。毛毛虫开始绕着花瓶走,它们一圈又一圈地走,一连7天7夜,一直围着花瓶团团转。最后,终于因饥饿与筋疲力尽而死去。在不到6寸远的地方就有很丰富的食物,而它们却饥饿而死,因为它们把活动与成就弄混了。

许多人像毛毛虫一样,放弃主宰自己的命运,按别人的意愿过日子,却不能够自主地生活。这种人最突出特点就是盲从,他们没有目标,就像一艘没有舵的船,永远漂流不定,所以只会到达失望、失败和丧气的海滩。

许多人犯了毛毛虫所犯的错误,结果只从丰富的生活中获得了很小的一部分。他们跟着大家绕圈子,根本不到别的地方去。他们遵循既定的方法与步骤,没有别的理由,因为"大家都那样做"和"大家都认为应该那样做"。其实,深究起来,这两个小实验的结果揭示了极为深刻的寓意。常人的悲哀不在于他们不去努力,而在于他们总爱给自己设定许多条条框框,这种条框无意之间限制了他们的想象空间,以及创造的潜能和奋进的范围。看似一天到晚在忙碌,实际上自己已经套上了可怕的"紧箍罩",注定碌碌无为。

敢于打破自我设定的障碍，多一点超越，少一点盲从，世界会不一样。

任何人都应该有这样一种抱负，那就是在生命中做一些独特的、带有个人特征的事情，从而使自己免于平庸和世俗，并使自己远离毫无目标、无精打采的生活。最理想的抱负就是植根于现实土壤的切实目标，在自身能力范围之内尽可能地追求卓越。

所以说，真正需要唤醒的是你自己，我们每个人都应当尽可能地挖掘自身的潜能，激发自己的雄心壮志。

很多时候，某些我们极其敬仰的人给予我们的信任和鼓励，或者是当有些人对我们表示怀疑时另一些人却毫不犹豫地对我们的才能表示肯定，都可能激发起我们的雄心，并使我们在一瞬间看到无穷的机会。或许在当时我们并没有对此给予太多的关注，但是，它很可能成为我们职业生涯中的一个转折点。

在生活中，无数的人在阅读一本激励人心的书或一篇感人至深的励志美文时，突然感到灵光一闪，蓦地发现了一个崭新的自我。如果没有这样的一些书或文章，他们可能会永远对自身的真实能力懵懂无知。任何能够使我们真正认识自己，能够唤醒我们的全部潜能的东西都是无价之宝。

问题在于，我们中的绝大多数人从来没有被唤醒过，或者是直到生命的晚年才真正认识自身的能力，但是为时已晚，再也不可能有大的作为了。因此，在我们年轻时就应当对自身的潜能有一个清醒的认识,唯其如此,我们才可能有效地发掘生命的潜力,从而最大程度地实现自我的价值。

大多数人在撒手人寰时,还有相当大的一部分潜能根本就没有被开发。他们只使用了自身能力中很小的一部分,而其他更珍贵的财富却白白地闲置在那儿,原封未动。

因此,最大化地开发一个人的潜能,已成为每个人一生要面对的重要命题。那么如何才能做到让潜能淋漓尽致地开发出来呢?其实,潜能开发的途径有许多,但从成功学的角度而言,主要有4个方面,即"诱、逼、练、学"。

"诱"就是引导

寻求更大领域、更高层次的发展,是人生命意识中的根本需求。"这山望着那山高""喜新厌旧"是人的本性。因此,具有主体自觉意识的自我,有理性的自我,是绝不愿意停留在任何一种狭小的、有限的状态之中的,而是总想不断开拓以取得更大的发展,从而更好地生存。这种炽热的、旺盛的发展需要,是渴望成功的表现,是潜能蓄势待发的前兆。只要对这种发展意识给予有益的暗示、引发、规划和培育,就能很好地激发并释放潜能。

"逼"就是逼迫

人是一个复杂的矛盾体,既有求发展的需要,又有安于现状、得过且过的惰性。能够卧薪尝胆、自我警醒的人少之又少,更多的人需要的是鞭策和当头棒喝式的促动,而"逼"就是"最自然"

的好办法。人们常说的"压力就是动力",就是这个意思。

因此,被逼不是"无奈",被逼是福。

要么你是被"看得起"委以重托,要么是有好运气,否则别人不会"逼"到你的头上来。

被逼,心态就会改变;被逼,就会有明确的目标;被逼,就会分清轻重缓急,抓紧时间;被逼,就会马上行动。不寻求突破,不创新,就休想跨过这道坎儿。于是潜能在一逼之下因迅速集聚而爆发,如同核聚变。

逼自己,就是战胜自己,必须比过去的自己更好;逼自己,就是超越竞争,必须比别人更好。别人想不到的,我要想到;别人不敢想的,我敢想;别人不敢做的,我来做;别人认为做不到的,我一定要做到。潜能的力量是巨大的!

人的潜能也遵循着"马太效应",越开发,越使用,就越多越强。

生命力是从压力中体现出来的。生命力就是创新能力,就是创造力,就是人的潜能,也就是竞争力。

"练"就是练习

此处特指专家为开发人的潜能而专门设计的练习、题目、测验、训练,如脑筋急转弯、一分钟推理等,多做有益。另外还包括"潜意识理论与暗示技术""自我形象理论与观想技术""成功原则和光明技术""情商理论与放松入静技术"等。

"学"就是学习

学习绝对是增加潜能基本储量及促使潜能发挥的最佳方法。

知识丰富必然联想丰富，而智力水平则取决于神经元之间信息联结的广度和信息量。

如果没有得到奇迹，就成为一个奇迹

正是我们今天的思考和努力，预知和把握着未来的蓝图。一切皆有可能，只要敢于冲破思想的樊篱。

昨天的努力，今天的奋斗，都是为了赢得明天的辉煌。明天是未知的，是不可猜测的，但我们却可以利用超前思维预知和把握未来。纵观无数成功案例，杰出人士就是靠超前思维拨开了现实的层层迷雾，突破了发展道路上的重重障碍，最终看到了胜利的曙光。

思想超前，用中国一句古话来形容就是"未雨绸缪"，以长远的眼光，对未来早做谋划。思想超前的人，能够洞悉种种隐匿未现的机遇，从而早做准备，果断出击，实现"无中生有"的目标。

要走无中生有的路，就要运用超前思维以"见人所未见""为人所未为"。套用鲁迅名言："无路处本来就是创新的路。"要走无中生有的路，就要有魄力、有决心、有方法，搭别人的车走自己的路，或借用别人的路，行自己的车；要走无中生有的路，还要有很高的心理素质。

创新意味着机会，同时也意味着风险。要走无中生有的路，要想做出无米之炊，没有点胆量、气魄是万万不能的，因此，谁要想走出人所未走之路，谁要想成人所未成之功，谁就要不畏惧失败，要勇于承受风险。

威尔士是美国东北部哈特福德城的一位牙科医生，是西方世界医学领域对人体进行麻醉手术的最早试验者。在威尔士以前，西方医学界还没有找到麻醉人体之法，外科手术都是在极残酷的情况下进行的。

后来，在英国化学家戴维发现笑气（氧化亚氮）以后，1844年，美国化学家考尔顿考察了笑气对人体的作用，带着笑气到各地做旅行演讲，并做笑气"催眠"的示范表演。一天，他来到美

国东北部哈特福特城进行表演，不想在表演中发生了意外。那是在表演者吸入笑气之后，由于开始的兴奋作用，病人突然从半昏睡中一跃而起，神志错乱地大叫大闹着，从围栏上跳出去追逐观众。在追逐中，由于他神志错乱，动作混乱，大腿根部一下子被围栏划破了个大口子，鲜血涌泉般地流淌不止，在他走过的地上留下一道殷红的血印。围观的观众早被表演者的神经错乱所惊呆，这时又见表演者不顾伤痛向他们追来，更是惊吓不已，都惊叫着向四周奔去，表演就这样匆匆收了场。

这场表演虽结束了，但表演者在追逐观众时腿部受伤而丝毫没有疼痛的现象，却给现场的牙科医生威尔士留下了非常深刻的印象。于是他立即开始了对氧化亚氮的麻醉作用进行实验研究。

1845年1月，威尔士在实验成功之后，来到波士顿一家医院公开进行无痛拔牙表演。表演开始，威尔士先让病人吸入氧化亚氮，使病人进入昏迷状态，随后便做起了拔牙手术。但不巧，由于病人吸入氧化亚氮气体不足，麻醉程度不够，威尔士的钳子夹住病人的牙齿刚刚往外一拔，便疼得那位病人"啊呀"一声大叫起来。众人见之先是一惊，随之都对威尔士投去轻蔑的眼光，指责他是个骗子，把他赶出了医院。

威尔士表演失败了，他的精神也崩溃了。他转而认为手术疼痛是"神的意志"，于是他放弃了对麻醉药物的研究。

可是他的助手摩顿与其不同，摩顿开始了自己的探索。1846年10月，摩顿在威尔士表演失败的波士顿医院当众再做麻醉手术实验。结果在众目睽睽之下,他获得了成功。

"无中生有"是需要气魄、胆识和毅力的,在"无中生有"的创新之路上,往往有失败和风险同行。成功属于能够不畏艰险,善于从失败中汲取经验并坚持到底的人。

失败往往是促进进步、产生创新的良方。一次失利并不等于最终失败,惧怕失败而不敢创新的人,就如同害怕跌倒而停步不前的人。要开辟一条"无中生有"的创新之路,首先得准备接受失败的打击,把它看作成功创新的必经之路。

你的生命有什么可能

创新并不是什么高深的学问,它确有方法可循,简单的改变往往就能收获到巨大的成功。

一个没有创新能力的人是可悲的人,一个没有创新意识的人是缺少希望的人。一个人若想改变当前的境遇,必须不断创新。只有锐意创新,成功才会降临到你头上。

日本有一家高脑力公司。公司上层发现员工一个个萎靡不振,面色憔悴。经咨询多方专家后,他们采纳了一个最简单而别致的治疗方法——在公司后院中用圆滑光润的800个小石子铺成一条石子小道。每天上午和下午分别抽出15分钟时间,让员工脱掉鞋在石子小道上随意行走散步。起初,员工们觉得很好笑,更有许多人觉得在众人面前赤足很难为情,但时间一久,人们便发现了它的好处,原来这是极具医学原理的物理疗法,起到了一种按摩的作用。

一个年轻人看了这则故事，便开始着手他火红的生意。他请专业人士指点，选取了一种略带弹性的塑胶垫，将其截成长方形，然后带着它回到老家。老家的小河滩上全是光洁漂亮的小石子。在石料厂将这些拣选好的小石子一分为二，一粒粒稀疏有致地粘满胶垫，干透后，他先上去反复试验感觉，反复修改了好几次后，确定了样品，然后就在家乡批量生产。后来，他又把它们分为好几个规格，产品一生产出来，他便尽快将产品鉴定书等手续一应办齐，然后在一周之内就把能代销的商店全部上了货。将产品送进商店只完成了销售工作的一半，另一半则是要把这些产品送进顾客手里。随后的半个月内，他每天都派人去做免费推介员。商店的代销稳定后，他又开拓了一项上门服务：为大型公司在后院中铺设石子小道；为幼儿园、小学在操场边铺设石子乐园；为家庭装铺室内石子过道、石子浴室地板、石子健身阳台等。一块本不起眼的地方，一经装饰便成了一块小小的乐园。

紧接着，他将单一的石子变换为多种多样的材料，如七彩的塑料、珍贵的玉石，以满足不同人士的需要。

800粒小石子就此铺就了一个人的成功之路。

不要担心自己没有创新能力，慧能和尚说："下下人有上上智。"创新能力与其他能力一样，是可以通过教育、训练而激发出来并在实践中不断得到提高的。它是人类共有的可开发的财富，是取之不尽、用之不竭的"能源"，并非为哪个人、哪个民族、哪个国家所专有。

因此，人人都能创新。

你现在需要做的就是不断激发自己的创新能力，多一些想法，多一些创造。那么成功迟早会来临。

培育创新能力要克服创新障碍，更要懂得方法。该如何培育创新能力呢？下面的4个步骤将给你提供帮助。

1. 全面深入地探讨创新环境

创新不是在真空中产生，而是来自艰苦的工作、学习和实践。如果你正为一项工作绞尽脑汁，想在这个具体的问题上有所建树，那么，你需要全身心地投入这项工作中，对其关键的问题和环节做深入的了解，对这项工作进行批判的思考，通过与他人讨论来搜集各种各样的观点，思考你自己在这个领域的经验。总之，要全面深入地探讨创新环境，为创新准备"土壤"。

2. 让脑力资源处于最佳状态

在对创新环境有了全面的认识之后，就可以把你的精力投入手头的工作上来了。要为你的工作专门腾出一些时间，这样你就能不受干扰，专注于你的工作了。当人们专注于创新的这个阶段时，他们一般就完全意识不到发生在他们周围的事，也没有了时间的概念。当你的思维处于这种最理想的状态时，你就会竭尽全力地做好你的工作，挖掘以前尚未开发的脑力资源——一种深入的、"大脑处于最佳工作状态"的创新思路。

让脑力资源处于最佳状态，对于"思想做好准备"是很必要的，我们可以通过以下几种方式来做到让脑力资源处于最佳状态：

（1）调节。当我们进入教堂，我们就会使自己适应这里的气氛，表现出专注和认真，你可以用同样的方式来调节你在学习环境中的注意力，在选择学习环境时，要考虑到它是否有利于你专心。

（2）心理习惯。每个人都具有大量的习惯性的行为，有的行为是积极的，有的则是消极的，大多数则居于两者之间。学习需要全身心地集中和投入，这意味着你要改掉影响全身心投入的坏习惯，如同时总想做好几件事，或用有限的时间去完成很重要的任务。同时，要使脑力资源处于最佳状态，还包括要养成新的心理习惯：找一个合适的地方，调配足够的时间，以及进行认真的和有创意的思考。这些新的习惯可能需要你付出更大的努力，耗费更大的心血，但是，这些行为很快就会成为你自然的和本能的一部分。

（3）冥想。大脑充斥着思想、感情、记忆、计划——所有这一切都在竞争，想引起你的注意。在你整日沉浸于来自方方面面的刺激，需要从身心上做出反应时，这种大脑"吵架"的现象更为严重。为了专注于从事创新，你需要净化和清理你的大脑。做到这一点的一个有效的方法就是做冥想练习。

3. 运用技巧促使新思维产生

创新的思考要求你的大脑松弛下来，在不同的事情之间寻找联系，从而产生不同寻常的可能性。为了把自己调整到创新的状态上来,你必须从你熟悉的思考模式,以及对某事的固定成见中摆脱出来。为了用新的观点看问题,你必须能打破看问题的习惯方式。为了避免习惯的束缚,你可以用以下几种技巧来活跃你的思维。

(1)群策攻关法。群策攻关法是艾利克斯·奥斯伯恩于1963年提出的一种方法:与他人一起工作从而产生独特的思想,并创造性地解决问题。在一个典型的群策攻关期间,一般是一组人在一起工作,在一个特定的时间内提出尽可能多的思想。提出了思想和观点以后,并不对它们进行判断和评价,因为这样做会抑制思想自由地流动,阻碍人们提出建议。批判的评价可推迟到后一个阶段。应鼓励人们在创造性地思考时,善于借鉴他人的观点,因为创造性的观点往往是多种思想交互作用的结果。你也可以通过运用你思想无意识的流动,以及你大脑自然的联想力,来迸发出你自己的思想火花。

(2)创造"大脑图"。"大脑图"是一个具有多种用途的工具,它既可用来提出观点,也可用来表示不同观点之间的多种联系。你可以这样来开始你的"大脑图":在一张纸的中间写下你主要的专题,然后记录下所有你能够与这个专题有联系的观点,并用连线把它们连起来。让你的大脑自由地运转,跟随这种建立联系的活动。你应该尽可能快地思考,不要担心次序或结构,让其自然地呈现出结构,要反映出你的大脑自然地建立联系和组织信息的方式。一旦完成了这个过程,你能够很容易地在新的信息和你不断加深理解的基础上，修改其结构或组织。

4. 留出充裕的酝酿时间

把精力专注于你的工作任务之后，创新的下一个阶段就是停止你的工作，为创新思想留出酝酿时间。虽然你的大脑已经停止了积极的活动，但是，你的大脑仍在继续运转——处理信息，使信息条理化，最终产生创新的思想和办法。这个过程就是大家都知道的"酝酿成熟"的阶段，因为它反映了创新思维的诞生过程。当你在从事你的工作时，你从事创新的大脑仍在运转着，直到豁然开朗的那一刻，酝酿成熟的思想最终会喷薄而出，出现在你大脑意识层的表面上。最常见的情况是这样的，当参加一些与某项工作完全无关的活动时，这个豁然开朗的时刻常常会来临。

创新并不神秘，但它的力量却异常的强大和神奇。为了在现代竞争中占据一席之地，不断地创新是唯一的出路。

第 6 章

人生没有唾手
可得的晚餐

果断出手，莫对机会欲说还"羞"

令人筋疲力尽的并不是要做的事本身，而是事前事后患得患失的心态。一个失败者的最大特征就是顾虑再三，犹豫不决。

伟大的作家雨果说过："最擅长偷时间的小偷就是'迟疑'，它还会偷去你口袋中的金钱和成功。"虽然我们没有100%的把握保证每一次决定都能获得成功，但是现实的情况就是等待不如决断。所以，在机会转瞬即逝的当代社会，等待就意味着"放弃"，成功者宁愿"立即失败"，也不愿犹豫不决。SAP公司的CEO普拉特纳曾经说过这么一句话："我宁可做6个正确决定和4个错误决定，也不要犹豫等待。"

当恺撒大帝来到意大利的边境卢比孔河时，看似神圣而不可侵犯的卢比孔河使他的信心有所动摇。他想到，如果没有参议院的批准，任何一名将军都不允许侵略一个国家。此时他的选择只有两种——"要么毁灭我自己，要么毁灭我的国家"，最后他毅然做出决定，喊着："不要惧怕死亡！"带头跳入了卢比孔河。就是因为这一时刻的决定，世界历史随之而改变。

所以，获得成功的最有力的办法，是迅速做出该怎么做一件事的决定。排除一切干扰因素，而且一旦做出决定，就不要再继续犹豫不决，以免我们的决定受到影响。有的时候犹豫就意味着失去。

古希腊有一位哲学家，饱读经书，富有才情，很多女人迷恋他。一天，一个女子来敲他的门，说："让我做你的妻子吧！错过我，你将再也找不到比我更爱你的女人了！"哲学家虽然也很喜欢她，却回答说："让我考虑考虑！"

哲学家犹豫了很久，终于下定决心娶那位女子。哲学家来到女人的家中，问女人的父亲："你的女儿呢？请你告诉她，我考虑清楚了，我决定娶她为妻！"女人的父亲冷漠地回答："你来晚了10年，我女儿现在已经是3个孩子的妈了！"

哲学家听了，几乎崩溃。后来，哲学家抑郁成疾。临终，他将自己所有的著作丢入火堆，只留下一句对人生的批注——下一次，我绝不犹豫！

所以，面对选择，一定要迅速做出决断，哪怕做出错误的选择也好过犹犹豫豫。因为，机会一旦错过了，是不会再有的。

有一个小男孩，一天在外面玩耍时，发现一只不会飞的小麻雀，决定把小麻雀带回家喂养，但是想起应该先和爸爸说一声，取得他的同意。于是他想了想，决定先去找爸爸。

爸爸一听就同意了，可是等小男孩回来的时候，一只黑猫正好把地上的麻雀叼走吃了。小男孩伤心不已，暗暗下定决心：只要是自己认定的事情，决不优柔寡断。后来这位小男孩成为了电脑名人，他就是王安博士。

人生的道路上，许多机会都是转瞬即逝的。机会不会等人，如果犹豫不决，很可能会失去很多成功的机遇。

犹豫拖延的人没有必胜的信念，也不会有人信任他们。果断积极的人就不一样，他们是世界的主宰。放眼古今中外，能成大事者都是当机立断之人，他们快速做出决定，并迅速执行。

在确定圣彼得堡和莫斯科之间的铁路线时，总工程师尼古拉斯拿出了一把尺子，在起点和终点之间画了一条直线，然后用不容辩驳的语气斩钉截铁地宣布："你们必须这样铺设铁路。"于是，铁路线就这样确定了。

综观历史，成功者比别人果断，比别人迅速，较别人敢于冒险。因此，能把握更多的机会，所以往往成为成功者。实际上，一个人如果总是优柔寡断，犹豫不决，或者总在毫无意义地思考自己的选择，一旦有了新的情况就轻易改变自己的决定，这样的人成就不了任何事，只能羡慕别人的成功，在后悔中度过一生！

与其等待机会，不如创造机会

诺贝尔的一生和炸药紧密相连，炸药带给他欢乐，也带给他痛苦，带给他责骂，也带给他赞扬。

诺贝尔的父亲就是一个炸药爱好者，很小的时候，诺贝尔就看见父亲研究炸药。父亲研制的水雷曾被俄军用于克里米亚战争中，用来阻挡英国舰队的前进。由于父亲经常换工作，诺贝尔所

受的教育多半来自家庭教师。

　　17岁时，诺贝尔以工程师的名义到了美国，在有名的艾利逊工程师的工厂里实习。实习期满后，他又到欧美各国考察了四年，才回到家中。不久，父亲从俄国搬回瑞典。当时正是采矿业发展的时期，对性能稳定的炸药需求旺盛，诺贝尔决定改进炸药生产。

　　在诺贝尔之前，中国"四大发明"之一的黑色火药早已传到欧洲。但黑色火药的威力不够大，而另一种新的炸药又是个"爆

脾气",容易爆炸,制造、存放和运输都很危险,人们不知道该怎么使用它。诺贝尔的哥哥曾试图制造出更好的炸药,但却没有实用价值。诺贝尔和他的弟弟一起建立了实验室,继续哥哥的研究。经过多次的试验,诺贝尔终于发明了使硝化甘油爆炸的有效方法,并取得了这项发明的专利权。初获成功之后,意外却降临了。1864年9月3日,实验室发生爆炸,当场炸死了五人,其中包括诺贝尔的弟弟。这场事故不仅让诺贝尔失去了亲人,也失去了邻居们的信任。再也没有人愿意他在附近办实验室,诺贝尔只好把设备转移到一只船上。几经波折,诺贝尔还是建造了世界上第一个硝化甘油工厂。

　　但这并不是故事的结尾。世界各国买了他制造的硝化甘油,经常发生爆炸事故:美国的一列火车,因炸药爆炸,成了一堆废铁。德国的一家工厂,因炸药爆炸,厂房和附近民房变成一片废墟。"欧罗巴"号海轮,在大西洋上遇到大风颠簸,引起硝化甘油爆炸,船沉人亡。世界各国对硝化甘油失去信心,但诺贝尔没有灰心,而是去想办法解决硝化甘油不稳定的问题。

　　1867年7月14日,诺贝尔拉来火药需求商,在他们面前表演了一个重要的节目:他先在一箱安全炸药上点燃木柴,结果没有爆炸;再把一箱安全炸药从大约20米高的山崖上扔下去,结果,也没有爆炸;然后,他在石洞中装入安全炸药,用雷管引爆,结果都爆炸了。这次实验,获得了绝对的成功,给参观的人留下了深刻的印象,诺贝尔的安全炸药,确实是安全的。不久,诺贝尔建立了安全炸药托拉斯，向全世界推销这种炸药。如果诺贝尔等着客户来找自己，他可能永远都在自己的小山沟中做实验，走不出实验的范畴。但是既然没有人找到他，他就把别人找过来。炸药的安全性不需要多言，通过对比就一目了然了，别人看了他的炸药，还有什么好怀疑的呢？

诺贝尔的故事适合那些自认为怀才不遇的人，当你真的有才华的时候，就要创造机会来表现自己的才华！事实上，绝大部分人的成功都是靠自己争取得来的，坐等机会的人，最终很少能遇到天时地利的时候。

无限风光在险峰

并不是每一个机会都是带着桂冠来我们身边的，有些机遇往往披着危险面罩，然而很多只看表面的人望而却步。那些善于思考的人，往往能变"危机"为"良机"。

据有关媒体报道，2009年，经济危机的影响将全面来临。与1873年、1929年的经济危机不同的是，1873年只是美国国内的经济危机，1929则是西方国家的经济危机，而2009年，是全球性的经济危机。

危机来临，股票狂跌、市场疲软、无数企业倒闭、工人失业、大学生就业困难，人们的生活陷入了混乱之中。但是，当危机肆虐的时候，难道我们就没有应对它的法宝了吗？答案是否定的。

从"危机"一词的组合中我们可以看出：危险中往往蕴藏着

新的机会。那些善于思考的人,往往能变"危机"为"良机"。这里有三个故事,也许会给今天面临金融危机的我们一些启发:

第一个故事:

从前有一座名城最繁华的街市失火,火势迅猛蔓延,数以万计的房屋商铺在一片火海之中顷刻之间化为废墟。有一位富商苦心经营了大半生的几间当铺和珠宝店,也正好在那条闹市中。火势越来越猛,他大半辈子的心血眼看毁于一旦,但是他并没有让伙计和奴仆冲进火海,舍命抢救珠宝财物,而是不慌不忙地指挥他们迅速撤离,一副听天由命的神态,令众人大惑不解。然后他不动声色地派人从家乡河流的沿岸平价购回大量木材、石灰。当这些材料像小山一样堆起来的时候,他又归于沉寂,整天逍遥自在,好像失火压根儿与他毫不相干。

大火烧了数十日之后被扑灭了,但是曾经车水马龙的城市,大半个城已经是墙倒房塌,一片狼藉。不几日,宫廷颁旨:重建这座城市,凡销售建筑用材者一律免税。于是城内一时大兴土木,建筑用材供不应求,价格陡涨。这个商人趁机抛售建材,获利颇丰,其数额远远大于被火灾焚毁的财产。

第二个故事:

有位经营肉食品的老板,在报纸上看到这么一则毫不起眼儿的消息:墨西哥发生类似瘟疫的流行病。他立即想到墨西哥瘟疫一旦流行起来,一定会传到美国,而与墨西哥相邻的两个州是美国肉食品的主要供应基地。

如果发生瘟疫，肉类食品供应必然紧张，肉价定会飞涨。于是他先派人去墨西哥探得真情后，立即调集大量资金购买大批菜牛和肉猪饲养起来。过了不久，墨西哥的瘟疫果然传到了美国这两个州，市场肉价立即飞涨。时机成熟了，他大量售出菜牛和肉猪，净赚百万美元。

第三个故事：

19世纪美国加州发现金矿的消息使得数百万人涌向那里淘金。17岁的小女孩雅木尔也加入了这个行列。一时间加州的淘金者面临着水源奇缺的威胁。人们大多数都没有淘到金，小雅木尔也未淘到金。可细心的小雅木尔却发现，远处的山上有水。她在山脚下挖开引渠，积水成塘，然后，她将水装进小桶里，每天跑几十里路卖水，不再去淘金，做没有成本的买卖，生意极好，可淘金者当中有不少人嘲笑她。许多年过去了，大部分淘金者空手而归，而雅木尔却获得了6700万美元，成为当时很富有的人。

任何危机都蕴藏着新的机会，这是一条颠扑不破的人生真理。很多时候看起来毫无价值的信息，在会思考的人心中就是一个好机会。受苦的人会把不幸当成人生的痛苦，而积极向上的人总是能把苦难当成自己飞得更高的财富。

挑战自我，多给自己一个机会

美西战争爆发之时，美国总统必须马上与古巴的起义军将领加西亚取得联络。加西亚在古巴的大山里，没有人知道他的确切位置，可美国总统必须尽快得到他的合作。

有什么办法呢？

有人对总统说："如果有人能够找到加西亚的话，那么这个人一定是罗文。"于是总统把罗文找来，交给他一封写给加西亚将军的信。至于罗文中尉如何拿了信，用油纸袋包装好，上了封，放在胸口藏好；如何坐了四天的船到达古巴，再经过三个星期，徒步穿过这个危机四伏的岛国，终于把那封信送给加西亚——这些细节都不重要。

重要的是，美国总统把一封写给加西亚的信交给罗文，罗文接过信之后并没有问："他在什么地方？"

像罗文中尉这样的人，值得拥有一尊塑像，放在所有的大学里。太多人所需要的不仅仅是从书本上学习来的知识，也不仅仅是他人的一些教诲，而是要铸就一种精神：积极主动、全力以赴地完成任务——"把信送给加西亚"。

阿尔伯特·哈伯德所写的《把信送给加西亚》一书首次发表是在1899年，随后就风靡了整个世界。不仅是因为每一个领导都喜欢罗文这样的下属，更因为每一个人都从心底佩服罗文，佩服这个主动挑战任务的人。现代企业，迫切需要罗文，需要具有责任心和自动自发精神的好员工！而我们的人生，也同样渴望罗文精神。

彼得和查理一起进入一家快餐店，当上了服务员。他俩的年龄一样，也拿着同样的薪水，可是工作时间不长，彼得就得到了老板的褒奖，很快被加薪，而查理仍然在原地踏步。面对查理和周围人士的牢骚与不解，老板让他们站在一旁，看看彼得是如何完成服务工作的。在冷饮柜台前，顾客走过来要一杯麦乳混合饮料。

彼得微笑着对顾客说："先生，你愿意在饮料中加入一个还是两个鸡蛋呢？"

顾客说："哦，一个就够了。"

这样快餐店就多卖出一个鸡蛋。在麦乳饮料中加一个鸡蛋通常是要额外收钱的。

看完彼得的工作后，经理说道："据我观察，我们大多数服务员是这样提问的：'先生,你愿意在你的饮料中加一个鸡蛋吗？'而这时顾客的回答通常是：'哦，不，谢谢。'对于一个能够在工作中主动解决问题、主动完善自身的员工，我没有理由不给他加薪。"

其实这个道理很简单：比别人多努力一些、多思考一些，就会拥有更多的机会。

对很多人来说，每天的工作可能是一种负担、一项不得不完成的任务，他们并没有做到工作所要求的那么多、那么好。对每一个企业和老板而言，他们需要的绝不是那种仅仅遵守纪律、循规蹈矩，却缺乏热情和责任感，不够积极主动、自动自发的人。

工作需要自动自发，而那些整天抱怨工作的人，是永远都不会"把信送给加西亚"的，他们或者出发前就胆怯了；或者遇到苦难而中途放弃；或者弄丢了这封重要的信，害怕惩罚而逃走；或者被敌人发现，背叛写信人。这样的人是非常狭隘的，他的人生又能有多广阔？

其实，我们每个人都可以把自己的目标当成一次"把信送给加西亚"的任务，这是一次挑战自己的机会，也是实现自我、突破自己的机会。

机遇没有彩排,只有直播

许多人坐等机会,希望好运从天而降,这些人往往难成大事。成功者积极准备,一旦机会降临,便能牢牢地把握。机遇对于每个人来说,没有彩排,只有直播,你没有把握住的话,只能等着自己出丑。

当机遇到来时,如果你没有提前为机会做好准备,就会将它习惯性地丢掉,与它失之交臂。生活中不是机遇少,只是我们对机遇视而不见。

这就和许多发明创造一样,看起来是偶然,其实那些发现和发明并非偶然得来的,更不是什么灵机一动或运气极佳。事实上,在大多数情形下,这些在常人看来纯属偶然的事件,不过是从事该项研究的人长期苦思冥想的结果。

人们常常引用苹果砸在牛顿的脑袋上,导致他发现万有引力定律这一例子,来说明所谓纯粹偶然事件在发现中的巨大作用。但人们却忽视了,多年来,牛顿一直在为重力问题苦苦思索、研究这一现象的艰辛过程。苹果落地这一常见的日常生活现象之所以为常人所不在意,而能激起牛顿对重力问题的理解,能激起他灵感的火花并进一步做出异常深刻的解释,这是因为牛顿对重力问题有深刻的理解的结果。生活中,成千上万个苹果从树上掉下来,却很少有人能像牛顿那样引发出深刻的定律出来。

同样，从普通烟斗里冒出来的五光十色像肥皂泡一样的小泡泡，这在常人眼里就跟空气一样普通，但正是这一现象使杨格博士创立了著名的光干扰原理，并由此发现了光衍射现象。

人们总认为伟大的发明家总是论及一些十分伟大的事件或奥秘，其实像牛顿和杨格以及其他许多科学家，他们都是研究一些极普通的现象。他们的过人之处在于能从这些人所共见的普遍现象中揭示其内在的、本质的联系，而这些都是凭着他们的全力以赴钻研得来的。只有这样为机遇做好了充分的准备，才能发现机遇，进而更好地抓住机遇。

所罗门说过："智者的眼睛长在头上，而愚者的眼睛是长在脊背上的。"心灵比眼睛看到的东西更多。有些人走上成功之路，不乏来自于偶然的机遇。然而就他们本身来说，他们确实具备了获得成功机遇的才能。

好运气更偏爱那些努力工作的人。没有充分的准备和大量的汗水，机会就会眼睁睁地从身边溜走。对于机遇，它意味着需要你忍受无法忍受的艰苦和穷困，以及献身工作的漫漫长夜。只有为所从事的工作有充分的准备时，机会才会来临。

拿破仑·希尔说，任何人只要能够定下一个明确的目标，坚守这个目标，时时刻刻把这个目标记在心中，那么，必然会获得意想不到的结果。

在日常生活中，常常会发生各种各样的事，有些事使人大吃一惊，有些事却毫无惊人之处。一般而言，使人大吃一惊的事会使人倍加关注，而平淡无奇的事往往不被人所注意，但它却可能包含着重要的意义。一个有敏锐洞察力的人，他会独具慧眼，留心周围小事的重要意义。人们也不能把目光完全局限于"小事"上，而是要"小中见大""见微知著"。只有这样，才能有更多发现机遇的机会。

我们应当随时为机遇做好热身，努力向着自己的目标奋斗，为目标准备，才能够在机会来临的时候大显身手，否则在机会来临的时候自己手忙脚乱，或者不知所措，只能让机会白白地从身边溜走。人不能躺在那里等待机遇，只有事先做好充分的准备，在机遇来临时才有可能抓住机遇，获得成功。

躺着思想，不如站起来行动

成功地将一个好主意付诸实践，比在家里空想出 1000 个好主意要有价值得多。没有行动，再远大的目标只是目标，再完美的设想也仅仅是设想，要想使其变为现实，必须付出行动。

临渊羡鱼，不如退而结网。与其羡慕幻想，不如马上行动。有条件不做等于没有条件，没有条件可以在做的过程中创造条件。想法只有化作行动，才有达成愿望的可能，否则想法永远是想法。

想到了就去做，人的潜能是无法预测的。只要有了好的想法，然后立即行动，相信谁都可以成功，关键看你是否将想法付诸行动。

从前有两个和尚，一个很有钱，每天过着舒舒服服的日子；另一个很穷，每天除了念经时间外，就得到外面去化缘，日子过得非常清苦。

有一天，穷和尚对有钱的和尚说："我很想去拜佛，求取佛经，你看如何？"

有钱的和尚说："路途那么遥远，你怎么去？"

穷和尚说："我只要一个钵、一个水瓶、两条腿就够了。"

有钱的和尚听了哈哈大笑，说："我想去也想了好几年，一直没成行的原因就是旅费不够。我的条件比你好，我都去不成，你又怎么去得了？"

然而，过了一年，穷和尚回来，还带了一本佛经送给了有钱的和尚。有钱的和尚看他果真实现了愿望，惭愧得面红耳赤，一句话也说不出来。

我们并不能在行动之前把所有可能遇到的问题统统消除，但是我们可以在行动中克服各种困难。

正因为有不少人总想着等到有百分之百把握了才行动，反而陷入了行动前的永远等待中。有的人甚至连一个小小的愿望都要等到所有条件都满足后才开始行动。你不可能等到所有条件都成熟后再行动。如果是那样，恐怕也就错过最佳的时机了。

正因为如此，很多人一辈子干不成一件事情，永远处于等待中。只有那些想到就马上动起来的人，才是真正能改变现状的人。

"想到就去做"这好像是一句广告词。说起来，人人皆知，可又有几个人能真的"想到就去做"呢？

美国成功学家格林演讲时，曾不止一次地对听众开玩笑说，全球最大的航空速递公司——联邦快递（FedEx）其实是他构想的。

格林没说假话，他的确曾有过这个主意。20世纪60年代格林刚刚起步，在全美为公司做中介工作，每天都在为如何将文件在限定时间内送往其他城市而苦恼。

当时，格林曾经想到，如果有人开办一个能够将重要文件在24小时之内送到任何目的地的服务，该有多好！

这想法在他脑海中停留了好几年,他也一直经常和人谈起这个构想,遗憾的是,他没有采取行动,直到一个名叫弗列德·史密斯的人(联邦快递的创始人)真的把它转换为实际行动。从而,格林也就与开创事业的大好机会擦身而过了。

格林用自己的故事现身说法:成功地将一个好主意付诸实践,比在家里空想出 1000 个好主意要有价值得多。没有行动,再远大的目标只是目标,再完美的设想也仅仅是设想,要想使其变为现实,必须付出行动。

可见,行动才是最终决定力量,无论你的计划多么详尽、语言多么动听,你不开始行动,就永远无法达到目标。在一生中,我们有着种种计划,若能够将一切憧憬都抓住,将一切计划都执行,那么,事业上所取得的成就将是多么伟大!

吃得苦中苦,方为人上人

人生的痛苦永远多于快乐。一个人的降生就意味着痛苦的开始,而一个人生命的结束,则是痛苦的终结。人的一生,就是不断地与痛苦抗争的过程。人生的意义,就在于从与痛苦的抗争中寻找少许的欢乐。

现在,很多人活得很累,过得也不快乐。其实,人只要生活在这个世界上,就有很多烦恼。痛苦或是快乐,取决于你的内心。人不是战胜痛苦的强者,便是屈服于痛苦的弱者。再重的担子,笑着也是挑,哭着也是挑。再不顺的生活,微笑着撑过去了,就是胜利。

人生没有痛苦，就会不堪一击。正是因为有痛苦，所以成功才那么美丽动人；因为有灾患，所以欢乐才那么令人喜悦；因为有饥饿，所以佳肴才让人觉得那么甜美。正是因为有痛苦的存在，才能激发我们人生的力量，使我们的意志更加坚强。

瓜熟才能蒂落，水到才能渠成。和飞蛾一样，人的成长必须经历痛苦挣扎，直到双翅强壮后，才可以振翅高飞。

人生若没有苦难，我们会骄傲；没有挫折，成功不再有喜悦，更得不到成就感；没有沧桑，我们不会有同情心。因此，不要幻想生活总是那么圆满，生活的四季不可能只有春天。每个人的一生都注定要跋涉沟沟坎坎，品尝苦涩与无奈，经历挫折和失意。痛苦，是人生必须经历的一课。

因此，在漫长的人生旅途中，苦难并不可怕，受挫折也无须忧伤。只要心中的信念没有萎缩，你的人生旅途就不会中断。艰难险阻是人生对你的另一种形式的馈赠，坑坑洼洼也是对你的意志的磨炼和考验——大海如果缺少了汹涌的巨浪，就会失去其雄浑；沙漠如果缺少了狂舞的飞沙，就会失去其壮观；如果维纳斯没有断臂，那么就不会因为残缺美而闻名天下。生活如果都是两点一线般地顺利，就会如白开水一样平淡无味。只有酸甜苦辣咸五味俱全才是生活的全部，只有悲喜哀痛七情六欲全部经历才算是完整的人生……

所以，你要从现在开始，微笑着面对生活，不要抱怨生活给了你太多的磨难，不要抱怨生活中有太多的曲折，更不要抱怨生活中存在的不公。当你走过世间的繁华与喧嚣，阅尽世事，你会明白：痛苦，是人生必须经历的过程！

敢于冒险的人生有无限可能

其实人世间好多事情，只要敢做，多少会有收获。尤其是在困境中，如果能拿出视死如归的勇气，必能化险为夷，任何困难都将迎刃而解。

在非洲的塞伦盖蒂大草原上，每年夏天，上百万只角马从干旱的塞伦盖蒂北上迁移到马赛马拉的湿地，这群角马正是大迁移的一部分成员。

在这艰辛的长途跋涉中，格鲁美地河是唯一的水源。这条河与迁移路线相交，对角马群来说既是生命的希望，又是死亡的象征。因为角马必须靠喝河水维持生命，但是河水还滋养着其他生命，例如灌木、大树和两岸的青草，而灌木丛还是猛兽藏身的理想场所。

冒着炎炎烈日，口渴的角马群终于来到了河边，狮子突然从河边冲出，将角马扑倒在地。角马群扬起遮天的尘土，挡住了离狮子最近的那些角马的视线，一场厮杀在所难免。

在河流缓慢的地方，又有许多鳄鱼藏在水下，静等角马到来。有时湍急的河水本身就是一种危险。角马群巨大的冲击力将领头的角马挤入激流，它们若不是淹死，就是丧生于鳄鱼之口。

这天，角马们来到一处适于饮水的河边，它们似乎对这些可怕的危险了如指掌。领头的角马慢慢地走向河岸，每头角马都犹犹豫豫地走几步，嗅一嗅，叫一声，不约而同地又退回来，进进退退像跳舞一般。它们身后的角马群闻到了水的气息，一齐向前挤来，慢慢将"头马"们向水中挤去，不管它们是否情愿。角马群已经有很长时间没饮过水，你甚至能感觉到它们的绝望，然而舞蹈仍然继续着。

过了三个小时，终于有一只小角马"脱群而出"，开始饮水。为什么它敢于走入水中，是因为年幼无知，还是因为渴得受不了？那些大角马仍然惊恐地止步不前，直到角马群将它们挤到水里，才有一些角马喝起水来。

不久，角马群将一头角马挤到了深水处，它恐慌起来，进而引发了角马群的一阵骚乱。然后它们迅速地从河中退出，回到迁移的路上。只有那些勇敢地站在最前面的角马才喝到了水，大部分角马或是由于害怕，或是无法挤出重围，只得继续忍受干渴。每天两次，角马群来到河边，一遍又一遍地重复着这仪式。一天下午，一小群角马站在悬崖上俯视着下面的河水，向上游走100米就是平地，它们从那里很容易到达河边。但是它们宁可站在悬崖上痛苦地叫，却不肯向着目标前进。

生活中的你是否也像角马一样？是什么让你藏在人群之中，忍受着对成功之水的渴望？是对未知的恐惧，害怕潜藏的危险？还是你安于平庸的生活，放弃了追求？

大多数人只肯远远地看着别人成功，自己却忍受干渴的煎熬。不要让恐惧阻挡你的前进，不要等待别人推动你前进。只有勇于冒险的人才可能成功。要知道，成就和风险是成正比的。世界上很少有报酬丰厚却不要承担任何责任的便宜事。怕担风险，只会让自己和成功无缘。

苹果电脑公司是闻名世界的企业。大家只知乔布斯是苹果电脑创办人，其实30年前，他是与两位朋友一起创业的，其中一名叫惠恩的搭档，人称美国最没眼光的合伙人。

惠恩和乔布斯是街坊，大家都爱玩儿电脑，两人与另一朋友合作，制造微型电脑出售。这是又赚钱又好玩儿的生意，三个人十分投入，并且成功制造出"苹果一号"电脑。在筹备过程中，用了很多钱。这三位青年来自中下阶层家庭，根本没有什么资本可言，大家四处借贷，请求朋友帮忙，惠恩只筹得1/10的资本。不过，乔布斯没有怨言，仍成立了苹果电脑公司，惠恩也成为小股东，拥有1/10的股份。

"苹果一号"以660美元出售，原本以为只能卖出一二十台，岂料大受市场欢迎，总共售出150台，收入近10万美元，扣除成本及债项，赚了4.8万美元，惠恩只分得4800美元，但当时已是一笔丰厚的回报。不过，惠恩没有收到这笔红利，只是象征性地拿了500美元作为工资，甚至连那1/10的股份也不要，急于退出苹果电脑公司。

苹果电脑后来发展成超级企业，如果惠恩当年就算什么也不做，单单继续持有那1/10股权，今时今日，应该有8亿~10亿美元的身家。事实上，乔布斯的另一位搭档，也是凭股份成为亿万富翁的。

为什么惠恩当年愿意放弃一切？原来他很怕乔布斯，因为对方太有野心了。后来他向传媒说："为什么我要马上离开苹果公司，要回500美元就算了？因为我怕乔布斯太过激进，日后可能会令公司负上巨额债项，那时我也要替公司负上1/10的责任！"转念间，惠恩终生与财富绝缘。

其实，人世间好多事情，只要敢做，多少会有收获。尤其是在困境中，如果能拿出视死如归的勇气，必能化险为夷，任何困难都将迎刃而解。

勇气是人生的发动机，勇气能创造奇迹，勇气能战胜一切困难。试想，如果我们事事都能拿出破釜沉舟的勇气和决心，那么世间还有什么困难而言！

强者绝不轻言放弃

衡量力量与勇气不能只看胜利和奖章，更重要的标准是我们克服的困难。真正的强者不一定是取得胜利的人，但一定是面对失败决不放弃的人。

安德鲁·杰克逊的儿时伙伴们都无法理解他为什么会成为名将，最终还能当上美国总统。他们认识的人当中，许多人比杰克逊更有才能，却一事无成。杰克逊的一位朋友曾说："吉姆·布朗和杰克逊住在一条街上，他不仅比杰克逊聪明，而且摔跤比赛四场能赢杰克逊三场。凭什么杰克逊混得这么好？"

别人问："为什么会有第四场比赛？一般不是三局两胜吗？"

"的确，比赛应该是结束了，但是安德鲁不肯。他从来不肯承认自己输了，一定要赢回来才算完。最后吉姆·布朗没了力气，第四场安德鲁就赢了。"

当你被摔倒在地，你会不会爬起来再战，直到取得胜利？安德鲁拒绝接受失败，正是这不屈不挠的精神造就了他日后的辉煌。

1882年，26岁的考拉尔来到斯特林镇，在一所学校做老师。考拉尔酷爱读书，但他发现，偌大的斯特林镇居然没有一家像样的、专门的书店，书只有在百货商店才能偶尔零星地见到。考拉尔灵机一动，自己为什么不开一家书店呢？这样，既满足了自己读书的需求，赚了钱还可以补贴家用，何乐而不为？

考拉尔把自己的想法跟新婚妻子说了，妻子也非常赞成。于是没多久，考拉尔的名为"思想者"的书店就在斯特林镇开张了。

可是，书店的生意并没有考拉尔想象的那么好。连续几个月，书店几乎没人进来。考拉尔安慰自己，毕竟书店刚开张，生意不好也是正常的，贵在坚持，几个月不行就坚持半年，半年不行就坚持一年，甚至两年，生意总有做起来的时候。即使亏了，反正

自己还要买书看，就当是自己藏书了。

抱着这种想法，考拉尔坚持了下来。

可生意还是不景气，书店经常是入不敷出。好在考拉尔和妻子都有一份工作，他们把大部分收入补贴到了书店里。很多人劝他们关门大吉。但这时，考拉尔的思想发生了巨大的转变，从原来单纯的经营，转变为呼吁和彰扬文明而经营。他说："书店是一个城市文明的象征，是人们寻求知识的重要地方，不管书店生意如何，我都要永远开下去！"

考拉尔言出如山，一年又一年，他居然真的坚持了下来，即使在战争时期，在政局动荡时期，"思想者"依然坚持每天开门迎客。

1948年，考拉尔在他的书店里去世，享年92岁。考拉尔的孙子继承了他的书店。考拉尔临终前留下遗言："无论如何，都要把'思想者'开下去。"考拉尔的孙子遵从了祖父的话。好在那时斯特林镇改镇为市，人口越来越多，城镇面积越来越大，书店的生意也还可以养家糊口。

"思想者"的辉煌出现在2004年。这一年斯特林市参加全球50个文明城市的竞选，在激烈的竞争中，斯特林市渐落下风。这时，有人向市长提到了"思想者"，市长眼睛顿时一亮。当他把"百年老书店"的旗号打出去后，斯特林市果然过关斩将，不但入选，而且名次进入前十。

一时间，考拉尔和他的"思想者"名扬四海。来自世界各地的书友、游客以及信函纷至沓来。这时的"思想者",不但是一家大型书店,而且成为一个著名的旅游景点,来这里的人都要买几本盖着"思想者"销售戳的书回去。"思想者"的年销售额已达几百万美元,为考拉尔家族带来了滚滚财富,这还不包括那些一百多年前的全新的库存书,那已经成为收藏家追捧的宝藏。

2006年,考拉尔的曾曾孙接手了"思想者",他对书店100多年的经营做了详尽的调查统计。他发现,在考拉尔经营的66年间,赚钱的年份为9年,持平的年份为17年,其余的40年都在亏损。

考拉尔的曾曾孙动情地说:"面对这样的经营,不知道有几个人能够坚持?我无法想象我的曾祖是如何度过那段岁月的,就像他绝对没想到今天他的书店会发财。事实上,他只是在一个思想贫瘠的时代,为文明而苦苦坚守!"

世上的事情都是如此,只要方向对了,不管期间的经历有多么艰难和不顺,你都要坚持下去。往往,再多一点努力和坚持便可以收获到意想不到的成功。所以无论何时,我们都应该信心百倍地去全力争取人生的幸福和成功,坚持到底,绝不轻易放弃。

决心取得成功比任何一件事情都重要

很多想成功的人,对成功只是存在一种向往。而只有下定决心成功,才会目标明确,现实可行。

下决心是一种运用能力的过程,是一个人综合素质的折射。

一个人能否成功，很大程度上取决于自己的决心。抓住机遇，下定决心，离成功也就不远；优柔寡断，踌躇不决则会错过良机，与成功失之交臂。

有人曾经对许多遭受失败和获得成功的人分别进行分析，发现在做事过程中，因犹豫不决或没有下决心而失败的人占很大比例。而相当一部分成功者，其最优秀的品格之一就是遇事果断坚决，敢于下决心，最终把握住了机遇，从而获得了成功。

按照弗洛伊德的理论，人生来就有"做伟人"的欲望。人为成功而来，也为成功而活。但"想成功"与"要成功"却是有着天壤之别的。所以，我们在生活中会看到很多人都在说："我很想成功！"但却没有看到他们真正地下决心。要知道，成功不是

喊叫出来的，也不是写出来的，成功是下决心做出来的！

很多想成功的人，对成功只是存在一种向往或一种侥幸心理。他们的目标要么游移不定，要么好高骛远，不着边际，因而很难整合现有资源，很难有计划和方法；要么迟迟不动，要么行动不坚决、不彻底、不持久，一遇挫折，立即为自己找个"本来就是想想而已"的借口，下台了事。

要成功的人才是真正在成功之前下过坚定决心的人。下定决心，不仅能体现一个人果决的勇气、决断时的自信、坚定不移的志气，更会锻造出自己的魅力，从而赢得他人的信任。只有下定决心成功，才会目标明确、现实可行。也只有下定决心的人，才会在成功的路上不断地检讨自己，改变自己，创造条件，适应环境要求；才能获得深刻的驱动力，而不顾任何艰难险阻，义无反顾，锲而不舍，持之以恒。

世界顶级的推销员与培训大师汤姆·霍普金斯曾告诉他的学员们说："成功有三个最重要的秘诀，第一个就是下定决心；第二个还是下定决心；第三个当然还是下定决心。"

这是霍普金斯之所以成功的经验之谈，因为就在他刚刚进入推销行业的时候，他常常因为害怕敲别人家门或跟陌生人谈论产品时被拒绝，故而业绩一直无法实现突破。直到有一天，他上了一个课程，在课堂上老师告诉他："下一次还有一个课程非常棒，那个课程可以帮助我们激发所有的潜能，让自己能够成为顶尖人物。"

霍普金斯说:"我很想听下个课程,但我没有钱,等我存够了钱再上。"这时候老师却对他说:"你到底是想成功,还是一定要成功?"他回答说:"我一定要成功。"老师又问:"假如你一定要成功的话,请问你会怎么处理这个事情?"于是霍普金斯回答:"我会立刻借钱来上课。"

从此,霍普金斯发现了自己一直业绩平平的原因,是自己从来没有真正地下过决心。于是在下一次推销之前,他从公司里找了一位同事并带他下楼,他对同事说:"你看着,假如我无法向对面那个陌生人推销产品的话,我走过马路来就被车撞死给你看。"

他说完这句话的时候,脑海里一片空白,根本不知道他即将如何推销。但他还是硬着头皮走过去,开始与陌生人交谈,于是他使出了浑身解数向那位陌生人推销产品,经过20分钟的苦口婆心之后,不可思议的事情发生了:他终于卖出了产品!

后来,霍普金斯在分析他的人生是怎么改变的时候,发现答案只有四个字,那就是"下定决心"。

所以,人生从你下定决心的那一刻就已经开始改变,你所做出的任何一个决定都决定着你的人生。

图书在版编目（CIP）数据

你的努力，终将成就无可替代的自己 / 连山编著.
-- 北京：中国华侨出版社，2018.3（2020.10 重印）
　ISBN 978-7-5113-7441-7

Ⅰ.①你… Ⅱ.①连… Ⅲ.①成功心理—通俗读物
Ⅳ.① B848.4-49

中国版本图书馆 CIP 数据核字（2018）第 020343 号

你的努力，终将成就无可替代的自己

编　　著：	连　山
责任编辑：	冰　馨
封面设计：	冬　凡
文字编辑：	焦金云
美术编辑：	刘欣梅
插图绘制：	twins 水彩工作室
经　　销：	新华书店
开　　本：	880mm×1230mm　1/32　印张：6　字数：120 千字
印　　刷：	三河市恒升印装有限公司
版　　次：	2018 年 3 月第 1 版　2020 年 10 月第 5 次印刷
书　　号：	ISBN 978-7-5113-7441-7
定　　价：	35.00 元

中国华侨出版社　北京市朝阳区西坝河东里 77 号楼底商 5 号　邮编：100028
法律顾问：陈鹰律师事务所
发 行 部：（010）88893001　　传　真：（010）62707370
网　　址：www.oveaschin.com　　E-mail：oveaschin@sina.com

如果发现印装质量问题，影响阅读，请与印刷厂联系调换。